我
们
一
起
解
决
问
题

韧性思维

培养逆商、低谷反弹、持续成长

[英] 乔·欧文（Jo Owen）◎著

何 蓉◎译

Resilience

10 Habits to Thrive in Life and Work

人民邮电出版社

北 京

图书在版编目（CIP）数据

韧性思维：培养逆商、低谷反弹、持续成长 / （英）乔·欧文（Jo Owen）著；何蓉译. -- 北京：人民邮电出版社，2021.4（2024.5重印）
ISBN 978-7-115-56022-3

Ⅰ.①韧… Ⅱ.①乔… ②何… Ⅲ.①成功心理－通俗读物 Ⅳ.①B848.4-49

中国版本图书馆CIP数据核字（2021）第032930号

内 容 提 要

在这个充满不确定性、挑战和压力的社会中，"韧性"是让我们得以生存且持续成长的关键，它不是某种单一的技能，而是我们可以学习的一系列思维习惯、可以培养的心理素质。

基于最新的研究成果和来自世界各地的案例，乔·欧文揭示了构建韧性思维的10个思维习惯，培养这些思维习惯的宗旨包括保持乐观、善于管理情绪、拥有信念、自信、建立支持性的人际关系、注重精力管理、学会选择、找到使命感、持续学习、打造适合自身发展的外部环境等。即使你只专注于培养其中一种思维习惯，也会有极大的收获。

本书介绍了45种培养韧性思维的技巧和行为，让你既可以轻松、恰当地处理生活中的小状况，又可以乐观、科学地应对大事件。本书还讲解了如何识别并应对常见的思维陷阱，以及如何发现并挑战你的定势思维，进而凭借科学的思维习惯和强大的心理韧性获得蓬勃成长的能量。

本书适合每一个渴望持续成长的人，尤其适合职场人士、管理者、学生阅读，也可作为领导力培训机构的参考读物。

◆ 著 ［英］乔·欧文（Jo Owen）
译 何 蓉
责任编辑 田 甜
责任印制 胡 南

◆ 人民邮电出版社出版发行　　　　北京市丰台区成寿寺路 11 号
邮编 100164　　电子邮件 315@ptpress.com.cn
网址 https://www.ptpress.com.cn
北京天宇星印刷厂印刷

◆ 开本：880×1230　1/32
印张：9.625　　　　　　　　　　2021 年 4 月第 1 版
字数：180 千字　　　　　　　　　2024 年 5 月北京第 13 次印刷

著作权合同登记号　图字：01-2020-3612 号

定　价：59.80 元
读者服务热线：（010）81055656　印装质量热线：（010）81055316
反盗版热线：（010）81055315
广告经营许可证：京东市监广字 20170147 号

的45个练习

度　　4. 成为幸运的人
一天　　5. 成为同事的选择
伴

得好，活得好

乐观

情商

看到黑暗中的光

6. 发现消极情绪的价值
7. 发现榜样身上的积极情绪
8. 管理情绪
9. 倾听自己内心的声音

韧性思维

FAST思考法

管理内心活动

10. 挑战你的工作思维
11. 识别出你的定势思维
12. 挑战你的定势思维
13. 识别你的思维陷阱
14. 应对你的思维陷阱

自信

掌控命运

15. 变得精通
16. 应对挫折
17. 建立影响力

人际关系

恢复

向外拓展

18. 建立信任
19. 积极倾听
20. 给出欣赏式的建设性回应
21. 表达感激之情
22. 进行有效社交

给自己"充电"

26. 学会休息
27. 好好睡觉
28. 健康饮食
29. 做有氧运动
30. 管理你的精力流

制图 | 圣妮文化传媒
SHENG NI CULTURE MEDIA · 工作室

构建韧性思维

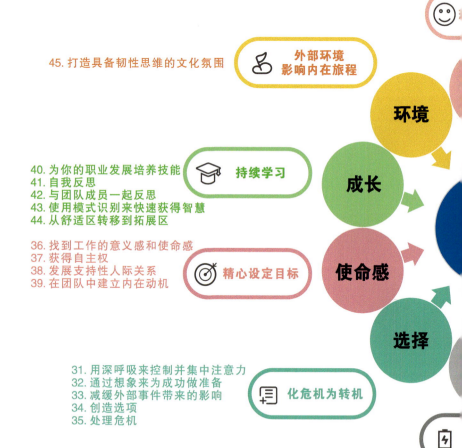

1. 培养感恩的
2. 好好开始新
3. 明智地选择

45. 打造具备韧性思维的文化氛围 — 外部环境 影响内在旅程

环境

40. 为你的职业发展培养技能 — 持续学习
41. 自我反思
42. 与团队成员一起反思
43. 使用模式识别来快速获得智慧
44. 从舒适区转移到拓展区

成长

36. 找到工作的意义感和使命感
37. 获得自主权
38. 发展支持性人际关系 — 精心设定目标
39. 在团队中建立内在动机

使命感

选择

31. 用深呼吸来控制并集中注意力
32. 通过想象来为成功做准备
33. 减缓外部事件带来的影响 — 化危机为转机
34. 创造选项
35. 处理危机

23. 休息一下
24. 减少工作时间
25. 确保工作时专注、高效

本书赞誉

当今社会生活中的压力纷繁冗杂，我们靠人类天性自带的"战斗—逃跑—装死"模式已经远不能应对复杂多样的新挑战。《韧性思维》是一本简洁、实用且不乏深刻智慧的压力应对指南，不仅教给读者战胜短期困难的方法，更能帮助人们在心理韧性与思维方式上全面升级。

——中国科学院心理研究所副教授、
中国心理学会心理危机干预工作委员会秘书长
黄峥

在技能更替日益加快的时代，只关心技能是不够的，而思维才能为成长持续赋能。优秀者并非都是天赋异禀，但他们一定是习得了某些思维习惯并具备了某些心理素质，例如善于管理情绪、拥有支持性的人际关系、注重精力管理、学会选择等。《韧性思维》这本书能帮你长期保持良好的表现，值得一读！

——清华大学营销学博士生导师
郑毓煌

我脑海里一直记得这幅画面，中国女排在里约奥运会上以小组第四名出线，对阵夺冠大热门巴西队，中国队员不畏强敌、敢打敢拼，最终力挽狂澜夺得了奥运会冠军。这就是体育人对"韧性"最好的诠释。站上奥运会领奖台的选手都经历了无数次挫折与失败，正因为他们在成长的道路上有清晰的使命感与阶段性的目标，并且能够保持乐观，他们才能通过持之以恒的刻意练习，实现终极目标。我强烈推荐《韧性思维》这本书，它能让每一个渴望持续成长的人受益匪浅。

——国家体育总局训练局体能康复中心体能教练、
中国羽毛球奥运冠军谌龙的体能训练师

沈兆喆

正如书中所写，在面对任何一件事情时，你总是有机会选择做出何种反应。当我们面对压力与困境时，该如何保持乐观、自信呢？答案就在这本书中。

——全国跳水冠军、北京潮跃体育联合创始人

周雨

成长是一个延续一生的课题，心理韧性不仅关乎忍耐力和生存力，它还关乎人们如何学会持续成长。这本科学、实用的书能帮助我们踏上适合自己的成长之旅。

——有书创始人兼 CEO

雷文涛

在充满挑战、机遇与不确定性的世界中生存和发展，我们需要"韧性"。这本书介绍了挑战自己思维的卓有成效的方法，提供了实用的技巧和行为指南，是现代职场人实现自我提升的必读书。

——畅销书作者、斯坦福大学计算机博士

诸葛越

即便你不是一个乐观的人，也不必懊恼，因为强大的内心是由一系列思维习惯构建的，而思维习惯是可以通过阅读本书习得的。我相信，本书介绍的 45 种构建韧性思维的技巧，总有一个能帮助你翻越沟坎。

——行动派 DreamList

任何一个人在通读此书且划出让他产生共鸣、认为言之有理的句子之后，若想回头看看书中有哪些句子没有被划上，他会发现不会剩下太多。

——英国皇家地理学会地理奖得主、

阿曼户外运动创始人

马克·伊万斯（Mark Evans）

这是一本非常实用的指南，带你从逆境走向成功。书中的一系列建议忠于实际。

——奥运会跳水奖牌获得者、高级教练

利昂·泰勒（Leon Taylor）

在通往至关重要的韧性思维的道路上，这是一本可读性很强的智慧读物。

——西太平洋银行首席风险官
戴维·斯蒂芬（David Stephen）

对于任何有兴趣学习如何应对压力或帮助他人应对挑战的人来说，这是必读物。

——畅销书《领导力》（*Leadership Forces*）作者
罗德里克·雅普（Roderic Yapp）

这本书涵盖了很多实用的建议，我们可以从中学习如何应对生活中的各种挑战，然后利用这些挑战来帮助我们茁壮成长，进而变得更强大。

——布莱克普学生推荐机构校长
温迪·卡森（Wendy Casson）

《韧性思维》为我们提供了实用的智慧，帮助我们清晰地、有远见地、有能动性地迎接生活中的挑战，同时又不会耗尽我们的情绪和体力。

——Spark Inside 创始人
贝利·亚伦（Baillie Aaron）

前言

韧性思维的力量

我们每天都会面临一些让我们生气的小麻烦，如堵车和排队。面对这些烦心事，一些人表现得体，另一些人则表现糟糕。不同的人对同一件事会产生不同的反应。面对同一个麻烦，你可能在不同的时间有不同的反应。例如，有时候，排队是你使用智能手机的好时机；而在另一些时候，排队所带来的麻烦会让你心生不快。关键在于，你要知道，在面对任何一件事情时，你总是有机会选择做出何种反应。每个事件都不可避免地让你产生一些反应，但你不应该是这些事件的受害者。这个道理不仅仅适用于小的事件，也适用于我们在生活和事业中碰到的大事。

在面对任何一件事情时，你总是有机会选择做出何种反应。

多数时候，你做出何种反应是由本能决定的。你养成的思维习惯能让你轻松地过好每一天。这些思维习惯根深蒂固地存在于我们的脑海里，以至于我们很难察觉到它们。正如你不用去思考如何呼吸，也不用去考虑如何对诸多日常事务做出反应。大多数思维习惯对你很有帮助，但在关键时刻，某些思维习惯可能会成为你前进道路上的障碍。识别出那些帮助你和阻碍你的反应，是建立良好思维习惯的第一步，这会让你在未来更具备成长的韧性。

与弹钢琴不同，韧性思维并不是某种单一技能，而是一系列你可以学习的思维习惯。每个人都有无数种思维习惯，毫不夸张地说，培养这些习惯是你毕生的工作。研究表明，在构建韧性思维时，有 10 种思维习惯尤为重要。

韧性思维的神奇之处在于，你若想感觉良好、表现出色，不需要掌握全部的 10 种思维习惯。即使你只专注于培养其中一种思维习惯，也会产生很大的变化。例如，作为一个正在恢复中的悲观主义者，我发现学习乐观的力量能给自己带来转变。你可以决定先专注于学习哪种思维习惯，选择自己的韧性思维培养之路。本书概述了 45 种实用技能和行为，旨在帮助你轻松、顺利地调整前进的道路。尽管本书深植于研究，但它同样有高度的实用性。

你可以选择自己的韧性思维培养之路。

构建韧性思维的 10 种思维习惯

构建韧性思维的 10 种主要思维习惯如下。

1. 想得好，活得好：乐观的力量

乐观者比悲观者活得更久、更好，他们在工作中也表现得更好。好消息是，乐观是可以习得的。通过一些简单的练习，我们就可以掌握这种思维，例如留心白天发生的好事情，养成良好的管理社交媒体的习惯，学习如何对新想法和新情况做出积极的反应等。本章在讨论该习惯时会告诉你怎样才能变得更幸运。

2. 看到黑暗中的光：情商的力量

如果你知道如何利用韧性思维，那么即使是负面情绪也是有其价值的。进行情绪上的自我调节对于建立韧性思维来说至关重要，它能帮助你应对逆境和恐惧。这一章将告诉你如何控制恐惧，并鼓起勇气来应对困难。

3. 管理内心活动：FAST 思考法的力量

韧性思维常常在瞬间发生。本能反应占据主导地位，我们要么表现出韧性思维，要么没有。在通常情况下，内心的喋喋不休对解决问题毫无帮助。这一章将告诉你如何管理内心活动，并让你在一瞬间做出更明智、更好的选择。

4. 掌控命运：自信的力量

顺境时人们容易产生自信，而真正的考验在于你能否在逆境中保持自信。这一章将向你展示如何积极有效地应对挫折，以及如何

从每一次挫折中学习，以便在未来变得更有韧性思维和更有效率。

5. 向外拓展：连接和支持性人际关系的力量

韧性思维并非指独自忍受生活之苦。通过向外拓展，你碰到的问题可以减半，快乐则可以加倍。向外拓展并不是做交易，它是指在顺境时建立关系并提升影响力，这些能在你遇到困难时为你提供支持。本章将提供一些简单实用的练习，它们可以帮助你加深你与工作和家庭之间的关系。

6. 给自己"充电"：恢复的力量

你不可能永远保持充沛的能量和良好的表现。即使是最好的运动员也需要有规律地休息。现代工作模糊了工作和家庭之间的界限，这意味着人们很难彻底丢下工作。这一章将向你展示如何重新控制时间，这样你就可以通过更高效的工作来获得更好的效果，而非一味延长工作时间。

7. 化危机为转机：选择的力量

这一章讲的是如何管理你那 1% 的时间，那是你职业生涯中最激动人心的时刻，是决定你事业成败的时刻。韧性思维不仅关乎如何应对逆境和保持韧性，它还涉及如何在关键时刻做出正确的选择，化危机为转机。

8. 精心设定目标：使命感的力量

如果你的目标是攀登珠穆朗玛峰或赢得重大比赛，那么你很容易产生强烈的使命感。有了目标，你就有了战胜挫折的力量和韧性思维。这一章将向你介绍如何精心设定工作目标，才能使自己拥有真正的使命感，进而在工作中蓬勃发展。

9. 持续学习：成长的力量

那些帮助你在今天取得成功的技能并不能在 10 年或 20 年后依然让你取得成功。你需要保持开放的心态，让自己不断地学习和成长。但是学习新的技能需要付出努力，并存在风险。它意味着你要去尝试新的事物，而且很少有人能在第一次尝试时就获得成功。本章将向你展示如何将随机的经历转变成有结构的发现之旅，这将成为支撑你整个职业生涯的力量。

10. 外部环境影响内在旅程：环境的力量

大多数人都能在工作和家庭中适应周围的标准和文化。你有必要找到一种能让你蓬勃发展的环境。这不仅与你生活和工作的地方相关，也关系到你如何在社交媒体上与他人互动。本章将解释你做的选择如何在家庭和工作中影响你和你周围的人。

帮助你在今天取得成功的技能并不能在 10 年或 20 年后依然让你取得成功。

目录

引言	塑造韧性思维的内在之旅

韧性思维的挑战

想象一下当你面临以下这些真实的事件时，你会做些什么。

场景 1：你有 2 秒的时间去证明过去 20 年的努力是值得的。你站在 10 米跳台上，准备和搭档进行一次花样跳水。现场有15 000 人正在看着你；此外，评委、数百万名电视观众和你的妈妈也正在看着你。你要么赢得奖牌，要么什么也没有。你没有第二次机会。这是孤注一掷的机会。

场景 2：你是一名有抱负的女性狱警，你刚刚完成学业，在工作中面对的是一些危险、暴力的人。在一次换早班时，一名男囚犯决定"捉弄"你一把：他把三名囚犯的尿液倒在一个大壶里，然后将其全部倒在了你的头上。与此同时，你的一名同事正在隔壁牢房处理一起自杀事件。

场景 3：你的同事处处与你作对。你所做的每一件事都被他们详细地审视。你必须在这种压力下再做 5 年的助理。

上述 3 个场景的主角不仅成功应对了这样的情况，而且每次经历都让他们变得更加强大。他们在极端情况下学到的这些经验同样适用于日常生活中的所有人。每个场景都阐明了你每天都需要的 3 种韧性思维能力，尽管你可能不需要面对这种极端情况。

场景 1：计划内的危机。或许你不需要完成高台跳水比赛，但你可能需要向董事会汇报工作，或是向一位重要客户推销产品，抑或是与主要供应商沟通工作，这些都是压力很大的时刻，你必须全力以赴来取得成功。就像高台跳水，你也许不会有第二次机会。

场景 2：计划外的危机。在任何组织中都存在着数不清的危机和冲突。某些突发事件和其他人可能会合起来找你麻烦，你必须找到一个快速解决问题的方法。你需要在那一刻做出良好的反应。

场景 3：持续的压力。你的事业更像是一场马拉松比赛，而不是短暂的冲刺。你必须在几十年的时间里保持充沛的精力、乐观的心态和良好的表现，而不是短短几天。

我们研究发现，你不仅可以应对这些挑战，还可以在挑战中茁壮成长。能否应对挑战不取决于你的基因，而是取决于你如何思考。每个人都有自己的思维习惯，有些思维习惯会帮助你，而有些则会成为你的阻碍。好消息是，那些感觉良好、表现良好的人有着相似的思维习惯，这是所有人都能学习的。这就是作者写这本书的目的所在。本书将帮助你发现并建立起这些思维习惯，这比教你如何应对危机和减少压力更有用，它们可以让你茁壮成长。

韧性思维旨在帮助你感觉良好、表现良好。

构建韧性思维的 45 个练习

1. 想得好，活得好：乐观的力量

（1）培养感恩的态度。

（2）好好开始新的一天。

（3）明智地选择同伴，无论是线上还是线下。

（4）成为幸运的人。

（5）成为同事的选择。

2. 看到黑暗中的光：情商的力量

（6）发现消极情绪的价值。

（7）发现榜样身上的积极情绪。

（8）管理情绪。

（9）倾听自己内心的声音。

3. 管理内心活动：FAST 思考法的力量

（10）挑战你的工作思维。

（11）识别出你的定势思维。

（12）挑战你的定势思维。

（13）识别你的思维陷阱。

（14）应对你的思维陷阱。

4. 掌控命运：自信的力量

（15）变得精通。

（16）应对挫折。

（17）建立影响力。

5. 向外拓展：连接和支持性人际关系的力量

（18）建立信任。

（19）积极倾听。

（20）给出欣赏式的建设性回应。

（21）表达感激之情。

（22）进行有效社交。

6. 给自己"充电"：恢复的力量

（23）休息一下。

（24）减少工作时间。

（25）确保工作时专注、高效。

（26）学会休息。

（27）好好睡觉。

（28）健康饮食。

（29）做有氧运动。

（30）管理你的精力流。

7. 化危机为转机：选择的力量

（31）用深呼吸来控制并集中注意力。

（32）通过想象来为成功做准备。

（33）减缓外部事件带来的影响。

（34）创造选项。

（35）处理危机。

8. 精心设定目标：使命感的力量

（36）找到工作的意义感和使命感。

（37）获得自主权。

（38）发展支持性人际关系。

（39）在团队中建立内在动机。

9. 持续学习：成长的力量

（40）为你的职业发展培养技能。

（41）自我反思。

（42）与团队成员一起反思。

（43）使用模式识别来快速获得智慧。

（44）从舒适区转移到拓展区。

10.外部环境影响内在旅程：环境的力量

（45）打造具备韧性思维的文化氛围。

关于本书

本书解释了韧性思维在工作中为何如此重要，以及你要如何构建自己的韧性思维。韧性思维是对人们在工作中不断增加的需求的回应。在 21 世纪，诞生于 20 世纪的那些公司所固有的确定性和限制性正在被更大的自主性、不确定性和模糊性所取代。你不能再长期依赖雇主，而是必须依赖自己的就业能力。自由越大，责任就越大；风险越大，机会就越大。

你不能再长期依赖雇主，而是必须依赖自己的就业能力。

在如今这个世界中生存和发展，我们需要具备强大的韧性思维，你不仅要克服短期的困难，还要长期维持良好的表现。韧性思维不仅关乎忍耐力和生存力，它还关乎人们如何学会韧性成长。

韧性思维的起源和凭证

我对韧性思维的研究源于我的两种激情。

我的第一个激情所在就是研究领导力，我努力践行自己所宣扬的理念。我研究领导力已有 20 多年，创作了 20 本关于领导力和管理的书。我还创办了 8 家慈善机构，年营业额超过 1 亿美元，其中 Teach First 是英国最大的毕业生招聘机构。我创办了一家银行，并在多家公司担任合伙人。与以往一样，实践在理论面前是一剂谦卑的解药。

我在探索领导力时发现，优秀的领导者很少是工作技能最熟练的人。好消息是，没有哪位领导者样样精通，你不需要做到完美才能成功。优秀的领导者都有自己的独特之处——他们的行动方式异于他人，这是因为他们的思维方式与众不同。他们与众不同的思维方式的核心就是韧性思维。通常，失败与成功的区别很简单，那就是别放弃。

优秀的领导者很少是工作技能最熟练的人。

我在领导力方面的研究工作不可避免地将我推向了韧性思维这个领域。我观察了工作领域增加的不确定性和模糊性给每个人带来了多大的压力，这样的观察加强了二者间的关联。

我的第二个激情所在就是教育。通常情况下，最成功的孩子也是最具备韧性思维的那些孩子。在韧性思维成为一个流行的研究主题之前，相关的证据就已经存在了，尽管那些证据是间接存在的。

例如，在五大人格特征[1]中，与学术成就紧密相关的只有尽责性，而尽责性是韧性思维的重要组成部分。

同以往一样，把理论付诸实践是有价值的。作为一家致力于培养具备韧性思维的人才的慈善机构的主席，我知道当你把一个系统的韧性思维培训项目放入学校课程里会发生什么。在一项由教育捐赠基金（Education Endowment Fund）资助的完全随机化的对照试验中，我们发现，它在提高韧性思维方面取得了显著成果。我们很快就会见到相关的学术成果。

我在领导力和教育方面的工作让我不可避免地要去处理韧性思维带来的挑战。

本书基于我过去 20 多年来对领导力的研究，我也为这本书进行了大量的原创研究和采访。我展开的 10 个引人注目的访谈都出现在这本书里，每个访谈都凸显了韧性思维所包含的一种思维习惯。我有意平衡了"韧性思维画像"板块中涉及的人物。如果所有的描述都是男性运动员，那这会给我们一个与韧性思维的本质完全不平衡的视角。

除了进行原创研究，为了更好地理解韧性思维背后的科学原理，我还有幸学习了宾夕法尼亚大学积极心理学和哈佛大学神经科

---

[1] 五大人格特征是经验开放性、神经质、宜人性、外倾性和尽责性。1961 年，欧内斯特·图佩斯（Ernest Tupes）和雷蒙德·克里斯塔（Raymond Christal）首次提出了该模型。

学的课程。书中也引用了这方面的研究。

事实上，对韧性思维的研究是一项正在进行的工作，因为研究仍在继续，我们对它的理解也在不断加深。这本书试图探索当今该学科的现状。

如何使用这本书

你至少可以用三种不同的方式来阅读本书。

第一，你可以按惯例从头到尾阅读本书。你会发现本书很自然地从个人思维习惯，如乐观主义，谈论到更专注于工作领域的思维习惯和行动，如成长和外部环境。

第二，你可以按照自己喜欢的顺序来阅读。如果你希望在短期和长期内找到管理精力的方法，那么你可以直接阅读第六章。你可以通过浏览目录找到你想要关注的章节，然后在每一章的开头看看内容简介。

第三，你可以快速阅读本书。每一章都遵循着简单易懂的模式，从简介开始，介绍这一章将讨论什么内容，最后以对学习要点和行动要点的总结作为结尾。阅读每一章的开头和结尾会让你快速知道你想要关注的内容在哪里。

无论如何使用本书，你会发现每一章都有大量的、实用的练习，支撑它们的是过往的案例、访谈和研究，你可以随心所欲地去探索。

本书涉及很多主题，例如乐观主义和选择，这些概念在书中反复出现。这就是韧性思维的本质。它不像学习打字那样是一项单一的技能，而是由一系列相互联系的技能所组成的，这些技能相互支持、相互强化。为了让你更容易阅读，我对每一项技能都进行了解释，这样你就可以用正确的方法专注于理解这项技能了。

在韧性思维由多少技能构成这个问题上，人们不可避免地产生了争论。有些技能彼此间密切相关，例如控制点理论和自我效能感是密切相关的，我把它们联系在一起，放在"自信"这个理念的框架下加以讨论；相反，乐观可以被拆分成更广泛的技能，这意味着我们需要进行一些简化。我已经确定了 45 个你可以借鉴的领导力培养技能和行动，并把它们浓缩成了 10 个主题，这意味着尽管这些主题互不相同，但总体上是面面俱到的。

第一章

想得好、活得好：乐观的力量

乐观是关乎生死的大事。简单地说，乐观者活得更久、活得更好。乐观不是遗传的，任何人都可以学会变得更乐观。对于一个正在恢复中的悲观主义者来说，这是非常好的消息。本章将告诉你：

- 乐观主义者活得更久；
- 乐观主义者活得更好；
- 真正的乐观主义是什么、不是什么；
- 如何才能变得更乐观。

乐观主义者活得更久

修女的经历表明，如果你想活下去，乐观是多么重要。修女们非常适合参与这样的研究，因为大部分的控制变量都被删除了：她们有相似的信仰，有相同的日常生活规律、相同的饮食以及相同的医疗条件。鉴于此，我们可以说她们有相同的习惯。

圣母学校修女会（School Sisters of Notre Dame）的 678 名修女参加了一项研究。她们中的 180 人在进入修道院时写了自我介绍，那里她们的平均年龄为 22 岁。圣母学校要求修女写自我介绍的目的在于确定她们的教育需求和兴趣，但自我介绍里面也带有一些情感性语言。研究人员意识到，情感语言可能是有用的。他们仔细地把修女说的话分为两类：表达快乐、希望、感激、幸福、兴趣和爱的词语是积极的一类；表达焦虑、羞愧、困惑、恐惧和悲伤的词语是消极的一类。

简而言之，我们可以把那些写了正面自我介绍的修女看作积极的修女，即她们发自内心地希望成为修女；而对于那些有负面情绪的修女来说，我们可以称其为履责的修女，即她们在做自己认为不得不做的事。

那么，近60年后在这些修女身上发生了什么呢？在她们80岁左右时，履责修女的死亡率是积极修女的3倍。当履责修女去世或健康状况欠佳时，大多数积极的修女还很健康并且正在享受着生活的乐趣。感觉良好是一个关键的生存技巧，至少对修女来说是这样的。

虽然上述研究结论具有一定说服力，但修女群体可能是一个不同寻常的样本。不过如果我们看一看人口整体情况，会发现什么呢？动脉硬化性心脏病（AHD）的死亡率给我们提供了可靠的数据。一般来说，AHD与人们的身体状况和生活方式有关，肥胖、吸烟、糖尿病和高血压都是预测 AHD 的有效指标。但事实证明，即使你把所有传统 AHD 预测因子加在一起，它们的准确性也不如 AHD 的另一个预测因子——你说话的方式。一个人患心脏病的可能性可以通过其说话的方式加以预测。

一个人患心脏病的可能性可以通过其说话的方式加以预测。

心理学家约翰尼斯·艾希施泰特（Johannes Eichstaedt）以美国的社区为单位，评估了当地居民的推特（Twitter）语言使用情况。推特语言是 AHD 的最佳预测因子，它的预测能力约为 40%，而 7 个最重要的传统 AHD 预测因子的预测能力加在一起也仅为 36%。

致命的推特语言是极为负面的，这些语言中混杂着敌意和仇恨以及厌倦和疲惫。能让你好好活着的语言往往是积极的表述（如机会、目标、力量）和正面的经历（如朋友、美食、周末）。

生活在一个充满乐观和正面体验的社区比生活在一个充满仇恨和厌倦的地方更有益于你的健康。对于许多充满仇恨和厌倦的社区来说，语言是一种强有力的显性特征，让人们面临更广泛、更深刻的挑战。如果你周围的人都在表达仇恨和厌倦，那么你很可能会被这种世界观感染。你居住的地方的语言和你在那里的经历可能会决定你的前途。

几十年来，人类的预期寿命首次停止上升，甚至开始下降。诺贝尔经济学奖得主安格斯·迪顿（Angus Deaton）指出，在美国中年人中，白人的发病率正在显著上升。如果这个群体的发病率能够以 1979—1998 年的速度下降，那么在 1999—2013 年，美国可以避免 50 多万人死亡，这个死亡人数要比艾滋病流行造成的结果严重得多。那么到底发生了什么呢？迪顿明确指出人们患有"绝望病"，以及过量服用毒品、酗酒和自杀。而如今这个时代则加剧了这些"绝望病"的恶化。

哈佛大学研究员埃里克·金（Eric Kim）通过广泛的社区调查，分析了 2004—2012 年 7 万名女性的发病率和乐观的关系。他发现，最乐观的女性（前 25%）的死亡风险比最不乐观的女性的死亡风险（后 25%）低 30%。毫无疑问，最乐观的女性患冠心病和中风的风险更小，这些疾病通常与压力有关。更令人惊讶的是，乐观者死于癌症或传染病的可能性也更低，分别比悲观者低 16% 和 52%。

那么，为什么乐观者死于传染病等疾病的可能性更小呢？为何这些疾病似乎会远离乐观者呢？这里的关键在于与乐观密切相关的概念——自我效能（self-efficacy）。自我效能非常重要，我将在本书的第四章单独讨论。如果你保持乐观，那么你会相信命运掌握在自己的手中；相反，如果你是悲观的，那你就会认为自己无法掌握命运。乐观主义者并不奢望好运降临，他们通过努力让自己变得幸运。乐观主义者认为他们有必要采取预防措施以避免疾病和伤害。如果需要治疗，他们会继续用药和接受治疗。悲观主义者则不会那么积极主动。

乐观主义者并不奢望好运降临，他们通过努力让自己变得幸运。

乐观甚至可以增强你的免疫系统。一项关于老年人对流感疫苗免疫情况的研究表明，乐观者接种疫苗后身体表现更好。乐观者也更喜欢锻炼身体，他们的生活方式对增强免疫系统有益。他们有一种自我效能感，这意味着他们会照顾好自己。

到目前为止，这项研究的结果对于长期悲观主义者来说似乎是一场轻微的灾难。我还发现乐观主义者不仅活得更久，他们的生活质量和日常表现也要优于悲观主义者。

乐观主义者表现得更好

最近，美国保险公司大都会人寿（MetLife）遇到了一项挑战。它每年会雇用 5000 多名人寿保险推销员，但在 5 年内这些推销员会流失 80%。其中，50% 的人选择在入职一年内离开。这是一个巨大的人员流失率，并给公司带来了很高的成本，因为找到并雇用一个新的销售人员要花很多钱，培训他们的成本甚至更高。大都会保险公司估计，它在招聘不称职员工方面浪费了 2.5 亿美元，由此而错失的销售额则更多。乐观点来说，直面这一挑战会给该公司带来巨额回报。

宾夕法尼亚大学的马丁·塞利格曼（Martin Seligman）教授向

前迈进了一步。他相信大都会保险公司有机会实现目标。他认为大都会保险公司应该根据态度而非能力来雇用新员工。培养能力（技能）比培养态度（信念）更容易。他认为心态积极的人会比心态消极的人表现得更好。为了验证他的理论，他测试了所有潜在雇员的乐观程度，然后说服大都会保险公司去雇用那些最乐观的却没有通过能力测试的人，而在过去，这些人通常会被大都会保险公司拒之门外。

培养能力（技能）比培养态度（信念）更容易。

事实证明，这些乐观的却没有通过能力测试的人的销售业绩比那些更有能力但不那么乐观的同事高出21%。随着工作技能的提高，他们的销售业绩比不那么乐观的同事高出57%。从房地产行业到林木业，这项研究已经在多个行业中被重复了多次。

至少有三个理由可以解释乐观主义者的表现为何更好。

（1）乐观主义者更容易获得自我效能感。他们相信自己能成功。这同样可以解释乐观主义者为何更健康。如果你相信自己可以掌握命运，那你就会采取措施去确保获得好的结果。因此，乐观者更有可能为了成功而做好学习和改变的准备，而悲观主义者可能为了避免冒险而死守着一条可靠的、值得信任的准则，尽管这并不是最佳处理方式。

（2）客户更喜欢与乐观主义者打交道。在访问一所学校时，我问班上的学生，他们是否曾经被不快乐的老师教过。一群学生举起手来。孩子们知道他们有一个不开心的老师，他们都很讨厌这一点。当我们与经常愁眉苦脸的老师、上司或同事相处时，我们的情绪会被感染；相反，与乐观积极的人共事则让人感到快乐。

（3）乐观主义者具有韧性思维。如果被拒绝，乐观主义者的复原力要强于悲观主义者，而悲观主义者则会把拒绝当作针对自己的一场灾难。例如，迈克·托宾（Mike Tobin）是一家发展中的数据中心企业的首席执行官。他的职业生涯始于挨家挨户推销厨具。这是一项繁重的工作。每 100 扇门中只有 1~2 扇门里的人会接受推销。拒绝率为 98%。面对此种情况你会如何应对呢？他的反应很简单："每当一扇门在我面前关上时，我就知道自己离成功更近了。"乐观主义者会坚持下去，因为他们用不同的方法看世界。

在销售领域，衡量业绩是很容易的。但大多数管理者生活在一个高度模糊的世界，在这个领域，个人业绩很难被衡量。例如，如果有人让你准备一份报告，那么这份报告的长度可能在 1~100 页。不管报告有多长，总有另一个事实需要去收集，总有另一个观点需要去研究。与销售不同，在截止日期到来前，报告是不可能完成的。比较不同管理者的表现则更为困难。例如，沙伦的客户可能很高兴，而阿迪尔的客户可能很失望，但是这可能是在比较苹果和橘子的差别，甚至是在比较苹果和自行车的差别。你如何根据每个项目所面临的挑战、获得的支持和资源以及每个客户的性质来做出调整呢?

现有研究表明,乐观的管理者可以取得更好的成绩。乐观的管理者在提供支持和参与团队方面做得更好,全力以赴的团队和管理者比没有尽全力的团队和管理者做得更好。格林伯格(Greenberg)和荒川(Arakawa)的研究表明,最不敬业的 25% 的团队成员在项目上的平均得分为 0.55 分,而最敬业的团队成员(排名最高的 25%)的得分为 0.85 分。这就是维持生计者和事业蓬勃发展者的区别。

这项研究得出的关键结论是:一个乐观、敬业的团队依赖于乐观的管理者。一项研究发现,65% 的员工更喜欢新上司,而不是加薪。如果你是一名管理者,那么你的信念和行为会对团队成员的行为、态度和表现产生很大影响。如果你不喜欢团队成员的态度,那么照照镜子看看你自己;如果你喜欢他们的态度,同样照照镜子,拍拍自己以示鼓励。

另一项研究发现,乐观者可能会变得更富有,即使他们不那么受人尊敬。投资就是牛市与熊市、乐观者与悲观者之间的一场永无休止的战斗。随着时间的推移,乐观主义者取得了胜利。看空者将看到一切风险,他们看到的是一堵忧虑之墙,而乐观者看到的则是堆积如山的机会。悲观者置身事外,乐观者大举入市。但在任何

10 年间，股票都有 91% 的时间跑赢现金[1]。传奇投资家沃伦·巴菲特（Warren Buffet）的乐观态度是众人皆知的。在过去 40 年里，他每年都会给股东写一封信。分析显示，在这 40 封信中，有 35 封信表明他对未来是持乐观态度的。别人看到风险，他则看到回报。

乐观者可能会变得更富有。

保持乐观并不容易。我们倾向于规避风险和厌恶损失。在 2008—2009 年的银行业大崩盘中，损失金钱的记忆让我们感到痛苦，这种痛苦与此后所有的小收益相比都显得更为突出。而这些微小的收益加在一起，使标普指数在 10 年内上涨了 4 倍[2]。诺贝尔奖得主丹尼尔·卡尼曼（Daniel Kahneman）指出，我们在做决定时都会用捷径法或启发法。这些方法对于日常思考非常有用，不过但凡是捷径，就会存在偏见，因此它并不总能对你产生帮助。损失厌恶是一种偏见，如果你想投资，这种偏见对你并无帮助。不可避免地，在本书出版之前或之后我们很可能会经历另一次经济崩溃。这将是悲观主义者品尝胜利滋味的时刻，他们会说："我早就告诉过你了。"与此同时，乐观者将在这场浩劫中悄悄地再次投资，并再次缓慢致富。历史会站在他们这一边。

---

[1] 巴克莱银行证券金边债券 2018 年分析。

[2] 标准普尔 500 指数在 2009 年 3 月触及 757 点，在 2018 年 8 月触及 2862 点，这还不包括派息的影响。

乐观主义者似乎拥有一切，因为他们：

（1）活得更久；

（2）在工作中表现得更好；

（3）更富有。

在探索如何有效地变得更乐观之前，你有必要先了解什么是乐观、什么不是乐观。

什么是乐观，什么不是乐观

我们很容易识别出谁是乐观的人。他们似乎生活在阳光而非乌云下。但要给乐观下定义就难多了。在试图定义什么是乐观主义之前，有三个要素可以帮助你思考这个问题。

（1）乐观是外在的还是内在的？

（2）乐观是否意味着要一直快乐？

（3）乐观是希望走运吗？

乐观是外在的还是内在的

有一天，我入住了一家宾馆，宾馆前台的服务员看上去过得很糟糕。她避免与任何人进行眼神接触。当她给我办理入住手续时，她正在情绪激动地和一位客人打着电话。挂断电话后，她把我的房卡扔在柜台上，面无表情地说道："祝你今天过得愉快。"这显然不是她的真心话。我很同情那位前台服务员。我们都有这样的时刻，确实不喜欢自己所做的工作，在这样的时刻你很难正常工作。

积极乐观不是外界能强加给你的。这并不是说你要去默念一些陈词滥调，就好像它们是让人们感觉良好、发挥出色的神奇圣歌。

积极乐观源自你的内心，它无法被强加于你。

积极乐观源自内心。找到内在动力对你和你的同事都很重要。这是 STIR[1]直面的一个挑战。联合国估计有 7.5 亿名儿童在上学，但他们并没有学习到知识。问题的核心在于那些心不在焉的老师，他们要么不到校上课，要么在学校上课却没有投入心思。这个问题背后也蕴藏着一个巨大的机会：如果你能帮助这些教师重新发现他们的内在动机，那你就能改变 7.5 亿名儿童的人生。

从传统上来看，政府会关注教师的外在动机。在一些国家，教师的工资很高；而在另一些国家，学校管理者必须使用生物识别技术来对教师进行考核，以确保他们不会作弊。STIR 采取了相反的做法，它与政府合作，帮助教师和官员重新发现最初让他们投身教育领域的内在动机。

STIR 的研究表明，当给予专业人士自主权和支持时，他们会掌握更多的技能，其内在动机就会上升，教师出勤率和学生成绩也

---

[1] STIR 教育是一家非营利性组织，目前该组织的业务主要分布在印度和乌干达。

会有所提高。外在的激励方式远远比不上让教师通过自主、掌控和获得支持来重新发现内在动机有效。

积极乐观源自你的内心，它无法被强加于你。

乐观是否意味着要一直快乐

一直快乐既不可能也不可取。有些时候，我们无法达到最佳状态。失去亲人、生病、失业和其他挫折都是生活的一部分。我们希望学会在雨中跳舞，但我们不应该在所爱之人的骨灰上跳舞。正如我们将在第二章中看到的，消极情绪很重要，如果你处理得当，那么它可以帮助我们建立起韧性思维。

一直快乐既不可能也不可取。

一直追求快乐的风险更大。这种风险以"享乐适应效应"的形式出现，即我们总是想要更多。1943 年，亚伯拉罕·马斯洛（Abraham Maslow）写了一篇著名的论文，他在这篇论文中提出了人类需求层次理论。他认为，人类至少需要食物、水和住所。一旦我们获得了身体和经济上的安全感，我们就需要获得归属感。一旦拥有了以上这些，我们就希望从社区中获得尊重，接着我们渴望实现自我价值和梦想。

问题在于，我们的梦想永无止境，从想要一辆自行车作为圣诞礼物，到想要一辆二手车，再到想要一辆豪华轿车，最后，我们甚至梦想着自己的太空计划，并渴望得到一架喷气式飞机。而且，我们总是把自己和同龄人比较，这意味着总有人似乎拥有得更多、做得更好。用马斯洛的话来说，我们是"需求瘾君子，无论渴望的是什么，我们总是渴望得到更多"。这种享乐欲望毫无止境。

如果你想看到享乐适应效应的危险，想想你的父母或祖父母，他们可能和你一样快乐或不快乐。现在想象一下回到他们生活的时代，尝试去过没有计算机、手机、互联网、谷歌或社交媒体的生活，你会快乐吗？

我们是"需求瘾君子，无论渴望的是什么，我们总是渴望得到更多"。

你愿意与300年前的王子或公主交换生活吗？乍一看，成为皇室成员这个想法似乎很有吸引力。但是这意味着我们要远离电、暖气、自来水、室内厕所、卫生设备、抗生素、牙齿护理、止痛药和咖啡机，你会生活在恐惧中，总是害怕被某种疾病夺去生命，或者被竞争对手谋杀。

与乐观和韧性思维一样，快乐并不是由外部环境所带来的。不要让外部世界支配你的感受。所有的感受都来自内心，有时你会感到积极，而有时你会感到消极，这是很自然的。虽然你无法避免情绪上的起起落落，但你可以学会管理它们并建立韧性思维，正如我们将在第二章看到的。

乐观是希望走运吗

当我的一位好朋友驾车穿过四条拥挤的马路且在超速驾驶的状态下闯红灯时，我第一次发现，希望走运是一种危险的乐观主义。我问他为什么要闯红灯。"红灯，"他回答说，"是想变绿的灯。"他的乐观让人印象深刻，但这并不是长命百岁的良方，也不是在管理上获得成功的良方。

希望走运这个思想的危险性可能隐藏在更微妙的地方。对一些战俘的研究表明，希望走运并不是好的生存策略。囚犯最初心怀希望，他们希望能在圣诞节、复活节或感恩节之前出狱。随着每一个节点的到来和过去，他们的希望慢慢枯竭。用他们的话说，他们最终死于心碎。幸存者已做好面对残酷事实的准备，然后应对它们。由此可见，毫无依据的乐观会导致绝望。有效的乐观主义是指人们具备认清残酷的事实并处理它们的能力。

有效的乐观主义是指人们具备认清残酷的事实并处理它们的能力。

如果你买了彩票，那么你可以希望走运，因为彩票给了你梦想的权利。但若希望成为一个幸运的管理者则是行不通的，因为运气不是一种方法，希望也不是一种策略。作为一名管理者，你的乐观态度必须与某种能力联系起来，那就是看清残酷的事实并加以处理的能力。乐观主义者不会逃避现实或挑战，他们会向现实靠拢。

运气不是一种方法，希望也不是一种策略。

韧性思维画像：乐观主义

温迪·卡森（Wendy Casson）是布莱克普学生推荐机构的校长。

温迪·卡森迈着轻快的脚步走进房间，充满了活力。一个小孩刚刚朝她扔了一罐咖啡豆。温迪及时躲开了，并且盼望着第二天还能在学校里欢迎这个孩子来上学。

别人眼中的问题儿童在她眼中是有着问题行为的儿童。当别人放弃的时候，她把向这些孩子提供希望作为自己的使命。温迪管理着英国最大的学生推荐机构，这里接收被其他学校拒绝的孩子。有些人会将学生推荐机构贬为"废物堆"或"监狱预备学校"。如果你管理着英国最大的学生推荐机构，你就需要具备超强的韧性思维。

学生推荐机构里的孩子经常面临着许多问题。有一个孩子受到虐待，虐待她的是其监护人。有一个孩子被认为是精神病患者，他的情绪像坐过山车那样高低起伏，而且他总是处于紧张状态。在这里，家庭贫困、教养欠佳、营养不良和行为不良的儿童比比皆是。

温迪则洞察了这一切："我们这儿有一些漂亮的年轻人。只有少数几个人让我们无能为力。"她谈到刚刚向她扔豆子的男孩："我看到一个迷失的小男孩，他不知道界线是何物，也没有父母……我所知道的是，孩子已经感到失望了，所以这让我更能下定决心去帮助他。"

让她坚持下去的是改变现状的热情和信念，以及改变这些年轻人人生轨迹的信念。在别人看到问题的地方，她看到了机会。

温迪的乐观主义精神在现实中遇到了充分的考验。她不希望走运，她面对的是残酷的事实，她需要与那些生活一团糟的孩子打交道。高度的自我效能感支撑着她的乐观主义精神。她毫不怀疑自己能有所作为，支撑她这个信念的还有远大的志向和强烈的使命感，以及一个强大的团队。正如我们即将看到的，韧性思维很少仅仅基于某一种力量。深层次的韧性思维来自不同的力量，它们之间相互促进。

学习乐观：感觉良好的力量

在电影《闪电侠戈登》（*Flash Gordon*）中，邪恶的明帝[1]命令所有的臣民为其欢呼，违令者会被处死。企业管理者往往会效仿这种做法，他们要求员工付出激情、热情和承诺，直到这些员工被解雇。

我们知道自己无法被告知要感到快乐或充满激情，因为这些感觉源自我们的内心。如果他人不能将幸福强加于你，那么愤怒和消极情绪就可以被强加给你吗？想象一下你在度过了漫长而艰难的一

---

[1] 明帝决定强迫女主人公戴尔与其结婚。婚礼上有两条横幅，第一个横幅上写着"众生皆欢乐"，第二个横幅上写着"违反者处以死刑"。

天后，一个你不喜欢的同事走到你面前，开始在你面前指手画脚。你怀疑这个同事是故意来惹恼你的。你完全有权利感到生气、烦恼和不安，但并没有法律规定你必须感到愤怒、烦恼和不安。这是你个人的选择。

学会乐观的第一步是要意识到你总是可以选择自己的感受。

不要让自己成为那个世界的受害者，在那里，你所有的情绪都是由事件、同事和上司支配的。他们可能会把你推向某个方向，但只有你自己能选择是否要去那里。

你总是可以选择自己的感受。

至关重要的第一步是要搞清楚你总是有能力去选择自己的感觉，一旦你知道自己有选择权，你就可以开始做出好的选择。作为一个从小就相信现在不下雨的唯一原因就是一会儿要下雨的人，这是一个令人惊讶和放松的发现。一旦知道可以选择，你就能够自由地做出好的选择。

起初，人们很难相信感觉不是与生俱来的。如果外部环境控制了我们对生活的感受，那么我们就会认为彩票中奖者是地球上最幸福的人之一。然而，一项针对巨额彩票中奖者的研究表明，事实并非如此。彩票中奖者会很快习惯了他们的新财富，变成他们的新常态。中彩票这件事减少了他们从平凡小事中获得的快乐，他们需要一些特别的东西才能让自己快乐。综合来说，他们并不比实验对照组里那些不买彩票的人更快乐。由此可见，金钱未必能买到幸福。

一项研究显示，被囚禁会让人们丧失幸福感，但这只是在服刑期间。获释后，这些人的快乐感又会反弹回来，他们对自由带来的好处感到极大的快乐，而这正是彩票中奖者所错过的。

学会乐观的第一步是知道你可以学会乐观。你的感觉由自己选择的感觉决定，你的思考方式由自己选择的方式决定。但这说起来容易，做起来难。我们都有多年养成的思维习惯。和任何习惯一样，要想改掉旧习惯并学习新习惯是很困难的。幸运的是，一些日常的活动和练习是有用的，这些有助于你培养乐观主义精神，而不是悲观主义精神。

以下是五个简单的练习，它们有助于你培养乐观的心态。

练习 1　培养感恩的态度

坐下来，回想一下今天发生的所有不好的事情。想想电视上的坏消息、上班迟到、烦人的邮件、无聊的会议……

然后你斟酌了一下，觉得还是不要做这个练习了。这很容易让你感觉糟糕。

让我们重新开始练习。这一次，想想今天发生的所有美好的事情，从你在一个安全的、温暖的床上醒来的那一刻开始。当我要求小组成员做这个练习时，即使我只要求他们专注于新的一天的前五分钟，他们也能很快地列出一个很长的清单。所以，当我们不再把现代生活所带来的好处看成理所应当之事时，重新发现现代生活的基本乐趣就能给你的情绪带来积极的影响。

你可以在一天中的任何时间重复这个练习,当你走向咖啡机或离开咖啡机时都可以练习。这是一个简单的重置心态的方法。最有效的练习时间是在一天结束时,此时你很容易开始反复思考已经发生的事情,但也可能担心明天可能会发生什么,沉思与忧虑很容易让你辗转难眠。

与其心事重重,不如反思一下今天过得好不好。找三件事来感恩,不管是工作上的事还是个人生活上的事,然后把这三件事写下来。如果你想把它们记录在电脑上,那么第二天再去做,因为你要避免在一天结束时使用电子设备和社交媒体。把这些事写下来很重要,它能让你坚定信念,并将其牢记于心。随着感恩日志越写越多,你将开始发现自己能对很多事情心存感激。据做了这件事的人报告,他们的幸福感有显著且持续的改善。除了记录三件好事,你还可以记录三件让你有所收获的事,或者三件你帮助别人或做出贡献的事。这些都是让你每天关注生活中美好事物的简单方法。

短期来看,这种锻炼可以帮助你睡个好觉,拥有好心情。久而久之,它会让你培养出感恩的态度,它会帮助你建立起积极的人生观。你的默认价值观不是关注问题和挫折,而是思考什么是好的。当你知道什么是自己欣赏和想要的东西时,你就可以管理自己的生活,让它朝着自己想要的方向发展。

练习 2　好好开始新的一天

如果你希望度过美好的一天,那就要有好的开始。好消息是,大多数人早上起床做的第一件事是可以养成习惯的。你对日常事务的选择也是你如何面对这一天的选择。这是一个值得你深思熟虑的选择，不要随心所欲。

这个练习旨在帮助你培养感恩的态度。找到你在早上可以感恩的三件事情。就像在你最喜欢的音乐中醒来，而不是在新闻中醒来一样简单。它可以是那些我们认为理所当然的小事。

无论你是以微笑还是怒容开启新的一天，这样的方式都很有可能持续下去。培养你的日常生活习惯，这样你的一天就能从发现生活中美好的那一面开始。请记住，生活中有很多值得我们感激的事，也有很多值得我们享受的事。

清晨以什么方式醒来

在一次艰难的非洲丛林研究之旅中，我住进了一家有着波纹铁皮屋顶和带刺铁丝网的旅馆。我瘫倒在一张脏兮兮的床上睡着了。第二天早晨，当我醒来时，我发现在两分钟内发生了两个奇迹：首先，我去浴室打开水龙头，冷水流出来了，我不需要走两公里从鳄鱼出没的河里打水；然后，我打开另一个水龙头，热水出来了，我不需要收集木柴来烧水。

我已经习惯了在战争、饥荒、灾难等新闻的包围中起床，这就是所谓的"从新闻中醒来"，这并不是开始新的一天的好方法。现在，我每天醒来都能在两分钟内发现两个奇迹：热水和冷水。从那时起，我就开始留心生活中所有平凡的奇迹。从那以后我很难再碰到糟糕的一天了，尽管有时我仍然会觉得自己很倒霉。

我们都可以选择自己的感受，而且有些选择很容易。研究人员在对美国各社区的推特内容进行分析后发现，在所有社区中都存在充满愤怒、绝望和面临健康问题的居民。即便在这种情况下，你也可以选择积极乐观地生活，但这不是一个简单的选择。如果你生活在一个充满乐观和积极体验的社区，你更容易变得积极和乐观。离开你所生活的社区可能很难，但是你可以谨慎地选择自己的线上社区。关于社交媒体所产生的影响，有两种截然不同的研究结论：一种认为它是魔鬼的化身，另一种认为它是幸福的引擎。

一系列令人印象深刻的研究指出了社交媒体所带来的挑战，这些挑战可能导致以下结果。

- 低自尊。尤其是当我们把自己的生活和身体与他人相比时，这种感受更为明显。
- 抑郁。我们会觉得自己在社交媒体上浪费时间。
- 焦虑。使用七个或七个以上社交软件的用户的焦虑感明显高于平均水平。我们尚不清楚这其中存在什么因果关系，是焦虑促使了他们更频繁地使用社交软件，还是频繁地使用社交软件使他们感到焦虑？
- 上瘾。Facebook 的创始总裁肖恩·帕克（Sean Parker）明确表示，他们的出发点就是侵入人类大脑。他成功了。社交媒体比酒精和尼古丁更容易让人上瘾。每当自己发布的照片或推特内容获得新的点赞或浏览时，我们的身体都会分泌出多巴胺。大脑总是渴望更多的多巴胺，所以我们期待着社交媒体能给我们更强烈的刺激。社交媒体把我们变成了多巴胺"瘾君子"。

- 暴力和极端主义。联合国教科文组织的一份报告指出，与回音室效果类似的社交媒体可以成为传播和强化极端想法及边缘观点的平台，从而导致极端主义和暴力行为。

社交媒体把我们变成了多巴胺"瘾君子"。

这与人们打造社交媒体的初心相去甚远，我们的最初愿景是将人们现有的社交网络联系在一起，帮助人们拓展社交网络。之所以出现这两个极端的结论，区别似乎取决于你如何使用社交媒体。如果你大量使用社交媒体，不断寻求陌生人的认可，生活在充满负面观点的回音室里，你就会很容易地发现社交媒体的阴暗面；如果你适度使用社交媒体，用它来积极地强化和延伸你的社交网络，那么它就可以成为一种有益的力量。

练习 3　明智地选择同伴，无论是线上还是线下

这是一个简单的练习。盘点一下你的同事和朋友，回想一下当你和他们打交道时，你是倾向于感到积极乐观，还是消极和愤怒？诗人伊索说过："看一个人的朋友就知道他是什么样的人。"所以，请好好选择你的同伴。

我采访了数千名高管，几乎所有人都承认，运气是他们成为高管的一个重要因素。然后他们很快补充道："当然，你必须自己创造运气。"你怎么才能变得走运呢？

赫特福德大学（Hertfordshire University）的教授理查德·怀斯曼（Richard Wiseman）决定着手研究运气这一课题。他遇到了一个非常幸运的女人，她总是能在比赛中赢得假期、金钱和汽车。虽然她不会开车，但她总是能赢得汽车。怎么会有这么幸运的人呢？部分原因是她每周都要参加上百场比赛。她具备了成为幸运之人的三个重要因素中的两个：坚持（persistence）和练习（practice）。第三个幸运因素是远见（perspective）。所以，坚持、练习和远见是让你拥有运气的三个必不可少的因素，也称"3P 幸运法"。

坚持、练习和远见是让你拥有运气的三个必不可少的因素，也称"3P 幸运法"。

（1）坚持

历史上有很多英雄，他们在成功之前经历了一连串的失败。亚伯拉罕·林肯在成为总统之前是一个非常失败的人。他在 7 次选举中落选；他经营失败了两家企业，这让他花了 17 年时间来偿还债务；他的未婚妻去世后，他得了神经衰弱综合征，在床上躺了 6 个月。但他继续前进。最终，失败和成功的区别就像放弃和继续前进的区别那么简单。

（2）练习

传奇高尔夫球手阿诺德·帕尔默（Arnold Palmer）曾说过一句话："我越努力练习，我就越幸运。"这是正确的。新手可能在 10 次推杆中只能打出 1 次 3 米，但经过练习，他们可能在 10 次中打出 2 次。一个经验丰富的专业人士则十有八九会做到这一点。那么成功的推杆究竟是因为幸运还是熟练呢？上文中那个幸运的女人参加比赛的次数越多，她在打破比赛僵局方面的练习就越多。

有效练习的本质不只是坚持，而是有重点地去刻意练习。专注于单一事件而不是多个事件能让你获得好运（或技能）。你要清楚自己擅长什么，无论是高尔夫、参加比赛还是财务分析。刻意练习与主动学习相关，它总是挑战你的极限，促使你去寻求他人的帮助、指导和支持。10 年后，你拥有 10 年的经验，而不是把 1 年的经验重复 10 次。

（3）远见

让我们回顾练习 1。在很多方面，我们的运气是由自己的感觉决定的。我们可以回想一下自己的好运气，也可以细数自己碰到的倒霉事，其实，选择决定了你认为自己有多幸运。出生在一个相对和平和繁荣的时代是巨大的福气。你真的愿意与祖先们交换命运吗？

当然，你还需要有远见来发现机会。当今许多伟大的企业都是在不明确的运气或机遇中发展壮大的。微软诞生的时候，IBM 正在为它的新型个人计算机寻找操作系统，比尔·盖茨及时地挺身而出；谷歌的发展建立在付费搜索商业模式之上；马克·扎克伯格为了联系大学里的朋友而创建了 Facebook。虽然这些机会现在看起来很明显，但在当时并非如此。抓住机会需要想象力和勇气。未来的亿万富翁们正在把握今天的机会，这些机会你我都还看不到，但 10 年后它们对我们来说将是显而易见的。让下一个明显的机会成为你的机会吧！

───
练习 4　成为幸运的人

如果你想获得运气，用一下"3P 幸运法"。

（1）坚持。失败就像放弃一样简单。你坚持得越多，就越有可能碰到一些运气。

（2）练习。技能经常被误认为是运气，尤其是那些技能较差的人更有可能这么认为。你越努力练习，就会变得越出色。

（3）远见。积极地反思每一天、每一年和日常生活，你会发现有很多幸运的事情值得你去感恩。如果你在正确的地方寻找机会，就可以在未来创造自己的运气。

人们记住你不是因为你做了什么，而是因为你是怎样的人。

没有人愿意和一个愤世嫉俗、情绪消极的人共事。如果你想成为人们愿意主动追随而非被迫追随的领导者，那你就必须变得积极乐观。

在工作中，保持乐观不是希望走运，而是相信自己能让未来变得更美好。作为同事和领导者，你被他人记住的方式与你记住其他同事的方式一样。人们记住你不是因为你做了什么，而是因为你是怎样的人。你不需要在办公桌旁放一碗糖果来让别人记住你。你需要始终表现出积极和具有建设性的行为。以下五个简单的行为将确保你被他人视为一个积极的、具有建设性的及乐观的同事和领导者。

（1）提供解决方案，而不是制造问题

每个团队都有需要解决的问题。如果没有问题，那就不需要管理了。有些人很擅长把问题交给上级或下放给团队成员去解决。因此，当有人有勇气提出解决方案，而不是提出问题时，每个人都会松一口气。如果你是可以提供解决方案的人，你就会发现自己很快就掌握了主动权，成为其他人的追随对象和领导者。如果你的第一个解决方案不奏效，那就确保你有备选计划。

（2）挺身而出，不要退缩

每个团队都会面临危机时刻，此时人们很容易退缩，要么指责

他人，要么沉迷于分析事件和召开会议等替代性活动。这些都起不到任何作用。积极的回应方法是向前看，而不是向后看，并且要采取行动。这意味着在你能掌控的事情上采取行动，而不是担心那些超出控制范围的事情。

（3）积极倾听

最好的领导者与最好的推销员有相似之处：他们有两只耳朵和一张嘴。在一个时间匮乏的世界里，倾听是一种有效的沟通方式，它告诉说话的人，你很重视对方的智慧，所以你愿意花时间倾听其说话。与其给出聪明的答案，不如问些聪明的问题，通过问问题来帮助你找到你需要的答案。只有完全了解对方的立场，你才能说服其相信你的立场。如果你问对了问题，对方就会为了你而说服自己。由此可见，倾听是一种非常积极有效的说服方式。

（4）正面回应

个人和企业都厌恶风险。当会议中出现新想法时，我们通常会看到每个人都对新想法产生怀疑，人们会细细盘问该想法存在的风险和不足，会穷追不舍地问各种问题。在审讯式的提问结束后，新想法会"死亡"，这时每个人都将明白，提出新想法没有意义。与其采取这种常见的回应方式，不如养成一种习惯：在提出疑虑前，先去想想一个新想法带来的好处，将好处置于担忧之前，尊重新的想法及其提出者。这意味着好的想法不会在诞生时就被扼杀在摇篮里，它会鼓励其他想法浮出水面。把好处置于担忧之前是一种让人变得积极和富有建设性的简单方法。

（5）说"谢谢"

当有人帮助了你或者把某件事做得很好时，你要花时间感谢他们，而这是免费的。为了让感谢体现出真正的价值，你要与他们一起探讨并回顾成功之路，让他们享受成功的这一刻。例如，你可以问问对方是如何做到的，并告诉对方其是如何帮到你的。这么做不是在浪费时间，你是在为一段关系进行投资。

> 倾听是一种非常积极有效的说服方式。

练习 5　成为同事的选择

成为同事们的选择对象不仅与你所做的事有关，也与你的为人有关。以下五种方式可以让你成为人们愿意共事的同事或上司，而不是他们被迫为之工作的人。

（1）提供解决方案，而不是制造问题。

（2）在危机时刻和情况不明朗的时候挺身而出，而不是退缩。

（3）通过积极倾听来影响、说服和回应他人。

（4）对别人的想法和帮助做出正面回应。

（5）说"谢谢"。

如果你能坚持应用上述原则，那么你将远远领先于大多数同事，并成为被同事选择的那个人。

总结

乐观和积极的想法是韧性思维的核心组成部分。有证据表明，如果你是乐观的、积极的人，那么你会：

- 活得更久；
- 在工作中表现得更好；
- 更富有。

好消息是你可以通过学习来学会如何积极乐观地去思考，你可以选择自己的感受和行为，而不是让别人把他们的感受强加于你。以下简单练习能使你变得更乐观。

- 在每天开始和结束的时候（以及其他任何时候）回想三件好事，在一天结束的时候把它们写下来。
- 好好开始新的一天。避免看负面新闻，把注意力放在你应该感激的事情上，以感恩的态度开始新的一天。
- 管理你的世界。小心选择你在社交媒体上的行为，寻找一个积极乐观的从业环境和社会环境。
- 学会获得运气。大多数领导者承认他们是幸运的，但他们的幸运是通过坚持不懈、专注、刻意练习（在某方面变得有天赋）获得的。
- 提供解决方案，而不是制造问题。面对他人提供的想法，你应该优先考虑此事的好处而非风险，在考虑风险前先寻找好的一面。

作为领导者，你不能只在口头上告诉团队成员要积极乐观，而是要为他们创造可供选择的条件。尤其值得一提的是，你可以成为团队成员学习的榜样。没有人愿意为一个不开心的、愤世嫉俗的和悲观的上司工作。

第二章

看到黑暗中的光：情商的力量

工作时，积极情绪和消极情绪都能帮助你，本章将告诉你如何做到这一点。与其逃避消极情绪，不如学习如何让它们帮助你。即使是愤怒、恐惧和尴尬这样的情绪也会对你有用。

这一章将讨论你应当如何为自己和团队建立起积极情绪。

本章的案例将告诉你如何将恐惧转化为勇气。通过阅读，你可以获得迎接全新挑战和艰巨任务的勇气，当别人退缩时，你可以挺身而出。

消极情绪也有积极的作用

如果让你过没有痛苦的生活，你会接受吗？

有一小部分人已经过上了没有任何痛苦的生活。不要惊讶，这是因为他们患有一种罕见的疾病——先天性痛觉缺失症。这听起来像是一件好事，因为他们不用再害怕牙医的针头和牙钻，不会因为被别人踩到脚趾或自己走路摔倒而感到疼痛，也不需要依靠药物来控制疼痛。

但是对患有这种疾病的人来说，没有痛苦更像是一种诅咒。英国剑桥大学的杰夫·伍兹（Geoff Woods）教授在巴基斯坦遇到了一个没有痛觉的男孩并对其进行了研究。这个男孩通过做一些极端痛苦的事情来赚钱，例如在滚烫的煤块上行走和在胳膊上插匕首。在伍兹打算对这个男孩进行深入的研究之前，男孩已经从屋顶上跳下来逗他的朋友们开心了。他所受的伤并没有使他感到疼痛，但却最终导致了他的死亡。可见，缺乏痛苦可能是致命的。

事实上，疼痛是一种很有意义的信号，它向我们发出警告，告诉我们有些事情是不可以做的。如果我们把自己的手放在沸水中而感觉不到痛苦，那么我们就学不会避开沸水。许多患有该病的人都很短命，因为他们总是做一些危险的事情，而且似乎没有从错误中吸取教训。学习是痛苦的，而缺乏痛苦意味着对危险缺乏了解。

在拒绝了没有痛苦的生活之后，还有另一个选项可供选择。你想过没有消极情绪的生活吗？挥一挥魔法棒，你就可以告别恐惧、嫉妒、贪婪、遗憾、愤怒、悲伤、尴尬和焦虑等消极情绪。这个提议听起来好到让人无法拒绝。但就像痛觉缺失症一样，这听起来是一件好事，但在现实生活中却可能是一种诅咒。和痛苦一样，消极情绪也能发挥积极作用，帮助我们更好地应对生活。

消极情绪也能发挥积极作用。

具备某些人格特征的人缺乏情感或者仅仅具备非常肤浅的情感。他们很少感到内疚或悔恨，也缺乏同情心，不受恐惧或焦虑的控制。他们乐于不惜任何代价去追求自己的利益，愿意承担任何可能伤害自己或他人的风险，而且这样做也会让他们感觉良好。

如果这类人是你的同事，或者更糟糕的情况下是你的上司，那么他们会让你感到特别不愉快。然而，这类人格特征的人可能非常成功。3%~4%的高级管理人员属于这类人，大胆让他们登上了顶峰，即使他们在途中毁掉了他人、事业和企业。

虽然缺乏消极情绪是有害的，但是过多的消极情绪同样有害。消极情绪被贴上"消极"的标签是有充分理由的：如果这些情绪长期存在或变得强烈，就会给人带来巨大的伤害。例如，如果你一直处于焦虑状态，那么你就很难做出决定，很难主动处理危机和冲突，也很难处理棘手的情况。成为一个高度焦虑和追求高效的管理者是一件痛苦的事。

管理好情绪是获得韧性思维的前提条件。如果你的生活和工作被消极情绪所主导，那么你将很难在职场中生存下去；相反，如果你从来没有任何消极情绪，那么你的生存也会举步维艰。关键是要实现消极情绪和积极情绪之间微妙的平衡。首先，我们应该认识到消极情绪的惊人价值；接下来，我们将探索如何实现两者间的平衡。

管理好情绪是获得韧性思维的前提条件。

花点时间审阅下列消极情绪清单，然后自行判断这些消极情绪是否有其积极的一面：

（1）愤怒；

（2）焦虑；

（3）无聊；

（4）困惑；

（5）尴尬；

（6）恐惧；

（7）嫉妒；

（8）悲观；

（9）后悔。

发现这些情绪的重要性的一个有效方法就是问问自己，如果没有这些情绪，那么世界会变成什么样子，你会变成什么样子。我们很快会发现，在特定的情境中，每一种消极情绪都有其积极的一面。就像疼痛一样，它可以促使你应对它。接下来，让我们依次简单地了解一下这些情绪。

（1）愤怒。显然，愤怒的世界是危险的，但没有怒火的世界会是什么样子的呢？20世纪50年代，对真实存在的不公平或感知到的不公平感到愤怒，促使人们发起了民权运动并呼吁改变现状。在当今社会，人们面对不公正现象所产生的愤怒情绪可以通过和平的方式表达出来。你可以感到愤怒，并以此为动力，但不必向外表达出你的愤怒。

（2）焦虑。焦虑和勤奋是相辅相成的。如果你对任何事情都感觉不到焦虑，那么你可能永远都不会足够用心地去做好准备、做好工作并督促自己。对一场重要的演讲太过焦虑会让你害怕得僵在讲台上，而适度的焦虑会让你准备得更仔细。没有焦虑可能意味着准备不足，这会导致你在事后产生悔意。

（3）无聊。无聊是有用的情绪，但也同样危险。当你过着安逸的生活，在舒适区待着而不去拓展自己时，无聊的情绪就产生了。这也是你可以恢复和充电的时候。如果你过着一种不无聊的生活，永远处于疯狂的状态，那么你很快就会筋疲力尽。有时，感到无聊是好的。但如果你在工作中感到无聊，那就说明你没有进步，此时你需要拓展自己，挑战自己，走出舒适区。

（4）困惑。困惑怎么会是好事呢？有些人从没有表现出过困惑，他们相信自己在任何事情上都是正确的。当他们处在最佳状态时，这种自信确实可以鼓舞士气。但事实上，与他们共事往往是痛苦的，因为他们不去倾听，也无法学习、适应外界环境，更不会改变自己的想法。他们有完全固定的思维方式和世界观。困惑是对模棱两可和不确定情况的适当反应，它表明你需要退后一步，观察、思考和适应。

（5）尴尬。无论是在个人生活还是工作环境中，尴尬都是一种非常有效的行为控制方式。当社会规范被打破时，我们就会感到尴尬。当没有人感到丝毫尴尬时，社会规范就会调整到以前无法被接受的标准。在工作场合，社会规范对我们的着装做出规范，而且是高度群体化的。例如，企业管理者和一线员工的穿着不同，IT程序员和销售人员也有着各自的着装规范。穿着不当会让你感到尴尬。更重要的是，在强迫你遵守行为规范这件事上，这种来自同辈群体的压力非常强大。你不仅要遵守你所在群体的着装规则，还要遵守他们的行为准则，这可能写在员工手册上，也可能没有。

> **一场尴尬的旅行**
>
> 　　东京地铁从很多方面来看都是一个奇迹，而最大的奇迹就是乘客。人群越匆忙，乘客们的表现就越好。每列地铁在站台上停的位置都完全相同：站台上画有标志，表明每一组列车的车门都将停在哪里。在车门即将打开的地方，乘客们有序地排成两队。当列车到站停下，车门打开时，两列队伍都向前迈两步，然后向一侧迈一步，以便让到站的乘客先下车。一旦他们下了车，排在这两个队列的乘客就会往前移动并上车。
>
> 　　如果你赶时间，溜到了队伍前面，确保自己能赶上下一趟地铁。你这样做或许没有人会说什么，你可以侥幸赶上下一趟地铁。但你会觉得很尴尬，因为你刚刚向队伍里的人证实了你是不文明和没有礼貌的人。
>
> 　　我可以确认，随之而来的是彻底的尴尬。所以说，尴尬是一种非常有效的行为控制方式。

（6）恐惧。恐惧是人类生存的关键。如果你不害怕迎面而来的老虎或汽车，那么你或许活不到感到后悔的那一刻。但是，如果你什么都害怕，那你就什么也做不了，你甚至可能会因为害怕外部世界的一切危险而不敢出门。和所有消极情绪一样，适度的恐惧在适当的场合中是有用的。

恐惧是人类生存的关键。

（7）嫉妒。在莎士比亚的戏剧《奥赛罗》中，埃古警告说："大人，你要当心嫉妒之心。它是一只绿眼睛（嫉妒）的恶魔，它惯于耍弄爪下的猎物。"嫉妒的怪物掌控一切之后悲剧就会随之而来。虽然嫉妒是极具破坏性的，但如果我们从不嫉妒别人，那我们就会成为圣人，或者我们会很高兴地退而求其次。嫉妒是竞争精神的产物，如果我们嫉妒同事升职、加薪或获得奖金，那就应该充满斗志。

（8）悲观。悲观主义者认为，他们不过是为风险做好适当准备的现实主义者。这一贯是一个需要平衡的问题。如果我们都是彻头彻尾的悲观主义者，那么我们可能会像在野外地窖里的生存主义者那样生活；但是如果我们不悲观，就不会去买保险，也不会费心去保护我们的房子，更不会未雨绸缪地去存钱，甚至不会因为阴天而准备雨伞。

（9）后悔。后悔似乎毫无意义。既然事情已经发生了，为什么还要为覆水难收的事情而哭泣呢？虽然过去的事无法改变，但后悔有两个好处：第一，后悔不是用来记录过去，而是为未来做准备的，对过去的悔恨可以帮助我们学会如何在未来做得更好；第二，一想到以后可能会后悔，我们就会产生强大的动力去好好行动。例如，一想到以后可能会后悔，我们可能就会停止饮酒，可能会鼓励人们采取避孕措施；它也鼓励我们好好工作，我们不希望因为面对失败的后果而后悔。由此可见，对过去感到后悔，不希望未来会感到后悔，这些都能促使你好好表现。

后悔不是用来记录过去，而是为未来做准备的。

练习6　发现消极情绪的价值

这个练习旨在让消极情绪为你所用。仔细阅读表2-1，该表总结了消极情绪如何帮助你，以及缺少这些情绪会导致什么后果。这并不是要你沉溺于消极情绪，而是要你充分利用自己的情绪。意识是选择的大门，只要你能意识到情绪的存在，并知道如何利用它们，你就可以把它们有效地利用起来。

表2-1　消极情绪的意义

消极情绪	好处	缺少这种情绪的后果
愤怒	促使行动	对不公平现象无动于衷；压榨群体/个人
焦虑	让你关注某个有待解决的问题	对困难时期毫无准备
无聊	让我们有机会去充电，这常常是我们最富创造力的时候	因过度活跃而筋疲力尽

消极情绪	好处	缺少这种情绪的后果
困惑	强迫我们去解决问题	过度自信
尴尬	构造社交时的情商	没有社会规范
恐惧	采取避免危险的行动	采取危险的行为
嫉妒	刺激你去更好地、更努力地工作	接受你比不上别人这一现实
悲观	提高对威胁的认知	不为已知危险做准备
后悔	鼓励你去学习	从不学习，行为鲁莽

还有很多需要列出来的消极情绪，例如内疚、悲伤和悲痛。这里不是消极情绪百科全书。你可以用表 2-1 来激励自己，找出你所遇到的所有消极情绪并挖掘它们的价值。现在你需要花点时间来做这个练习。

韧性思维画像：情绪

领导者需要承认自己的脆弱和弱点。贝丽·亚伦（Baillie Aaron）被公认为是一位强势而有远见的 CEO。她和她创建的组织 Spark Inside 获得了多个奖项，她致力于把教练引入监狱。贝丽也是少数几个具备勇气和自我意识的领导者之一，她真正地谈论了自己所面临的疑虑和内心存在的恶魔。

问题始于贝丽雇用了一个在面试中表现良好的团队成员，但在一段时间后，此人的态度变得恶劣起来。此人带来的负面影响让贝丽感到尤为艰难："不知什么原因，他发现了我脆弱的地方，他没有支持我，而是从'捅刀子'中获得了乐趣。尽管我是 CEO，但我觉得自己被欺负了。"在这期间，贝丽开始怀疑自己的眼光和领导能力。正如贝丽所说，这是一场"生存危机"。如果你怀疑自己的毕生工作，那么你就有麻烦了。这导致了"不自信的恶性循环，使我成为一个更糟糕的领导者，对自己或自己的眼光缺乏信心"。此外，她还发现自己很难寻求外界的帮助，不知道如何去请求帮助。

最终，在家人、朋友和同事的支持下，贝丽控制了局面。她在自己都没有意识到的情况下建立了一个高度支持她的关系网，他们看到了她的需求，并主动上前提供帮助。主动联系外界让一切都不同了。她还通过充足的睡眠以及专注于工作之外的生活来管理自己的精力。她开始学习跳舞，练习跳舞时需要平衡力，这给了她平衡感。更重要的是，重新发现自己的使命感和愿景对贝丽产生了极大的帮助。

贝丽在反思这件事时说："有时你选择挑战，有时挑战选择了你。但我找到了我的弱点，现在我知道如何应对和克服它。这段经历拓展了我的视野，让我成为一名更好的领导者。"

从逆境中获得力量是具备韧性思维的真正标志。

为什么在工作中建立积极情绪很重要

大多数人都喜欢带着积极的情绪去生活。无论是在工作中还是在家庭生活中都是如此。本书的一个核心主题是：你可以选择自己的感受。你要意识到这一点，让自己免受事情本身和周围人的干扰。如果你很好地选择了自己的情绪，那么这样做不仅会改善你自己的表现，还会改善团队的表现。

如果带着阴郁的心情走进办公室，你很快就会发现，它像浓雾一样很快蔓延到整个团队；如果你带着乐观、希望和强烈的自我效能感而来，那么团队成员很可能会追随你。综合来说，你的情绪有助于改善团队的表现。

- 对工作的兴趣能激发起你的创造力和解决问题的能力。
- 对团队成员表达感激之情能帮助他们建立自信和自尊。
- 自我效能感能激发起"我能行"的斗志以及行动力。
- 乐观主义促使自我效能感的产生，进而让团队看到并抓住机会。
- 以工作为荣是高标准和为之付出的基础。
- 鼓励你进行实验和创新的是安全感，而非来自外部的威胁。

最简单的处理消极情绪的方法就是用积极情绪来淹没它们。

你可以通过树立正确的榜样在自己内心和团队内部培养积极情绪。你创建的这些情绪越多，消极情绪生存的空间就越小。最简单的处理消极情绪的方法就是用积极的情绪来淹没它们。然而，失控的积极情绪和完全缺失的消极情绪不仅不现实，还很危险。正如消极情绪有好处一样（见表2-1），积极情绪也有其不好的一面（见

表 2-2)。

表 2-2 积极情绪的好处与弊端

积极情绪	好处	弊端
自我效能感	产生"我能行"的精神，促使你行动起来	同假想的敌人作战
乐观	能看到机会并加以利用	对危险和挑战视而不见
安全感	安全地进行实验和创新	从核心任务中分心
感恩	建立自信和自尊	自满
兴趣	产生好奇心和创造力	缺乏行动重点
自豪	致力于做好工作	缺乏灵活性，缺乏成长或学习能力

你可以给自己构建起表 2-2 中提及的积极情绪。我们已经看到，你可以在每天结束时写下三件好事，通过这种简单的行为建立起乐观和感恩的情绪。你可以用同样的方法来构建起自豪感和自我效能感，要能看到你已经取得的成就或者你所擅长的事情。兴趣和安全感来自找到能让你蓬勃发展的角色和地方。你要对自己的职业生涯负责，所以你必须确保自己工作的地方适合你。有关这一点，你可以在第十章找到更多的方法。

<u>练习 7</u>　　发现榜样身上的积极情绪

你可以为团队设定情绪基调。首先，确定你想要的基调是什么；其次，至关重要的一步是对情绪进行榜样化处理，也就是说你必须做真实

的自己。这意味着你要找到自己最好的一面，然后专注于此，扬长避短。表 2-3 展示了建立团队情绪基调的方法。

表 2-3　建立团队情绪基调的方法

积极情绪	好处	团队领袖的行为
自我效能感	产生"我能行"的精神，促使你行动起来	• 把复杂的任务分解成简单的步骤 • 明确你想要什么 • 起到表率作用
乐观	能看到机会并加以利用	• 成为一个乐观的榜样 • 面对新的想法，在思考风险之前先去想想它可能带来的好处
安全感	能够安全地进行实验和创新	• 展示出你在意每一位团队成员、在意他们的职业和未来
感恩	建立自信和自尊	• 关注频繁的、积极的反馈
兴趣	产生好奇心和创造力	• 鼓励团队成员汇报工作和学习 • 对问题和解决方案保持开放的心态
自豪	致力于做好工作	• 设定并保持高期望

好消息是，为团队设定情绪基调不需要神奇的魔力；坏消息是，你必须完全保持一致性。如果你不断改变游戏规则，那么团队成员就会发现他们很难理解你。由此，混乱会出现，士气会下降。因此，情绪基调不应该是你希望在团队中看到的具备完美特质的愿望清单，它必须反映出你可以坚持下去的种种习惯，让你能够持续地成为众人的榜样。

设定情绪基调：积极情绪的阴暗面

　　某银行的一位首席执行官做过一次精彩的演讲，他经常在不同场合提及这个演讲中的内容。演讲基于"不要给我问题，给我解决方案"这个观点。这个观点总是能发挥作用。虽然这听起来是积极的、注重行动的观点，但它也有不好的一面。这会导致每个人都害怕向他提出问题。

　　随着经济的疲软，银行的贷款账目慢慢崩溃。没有人敢告诉他实情，因为他要的是解决方案，而不是问题。最终，这些问题无法再被掩盖，银行不得不接受援助。这花费了纳税人1000多亿美元的钱。

　　这位首席执行官陷入了独裁者的陷阱。他们告诉自己要一直做成功的英雄，他们从来不想听到任何自相矛盾的事情。所以他们听到的都是自己想听的，而不是需要听的。他们永远看不到危险，直到为时已晚。

　　为团队设定情绪基调时要小心这一点。

　　为自己和团队建立积极的情绪不是心血来潮之举。它需要你对自己的选择有着清醒的认识。和所有的思维习惯一样，学习这个习惯需要深思熟虑的选择和有意识的练习。最终，当新的习惯取代旧的习惯时，它就会变成你的第二天性。

培养管理情绪的习惯

很多僧侣会一生致力于研究呼吸的艺术，以此来控制自己的思想并渴望得到启迪。如果你是一名会计师，你经常面临着完成月底结算的任务，那么多年来你可能都没有机会学习如何控制呼吸。当快要错过最后期限时，你需要快速学习如何控制由此而带来的恐慌和挫败感。

练习8　管理情绪

下面的三步法是一种生活妙招，虽然它不完美，但却行之有效。对我们大多数人来说，这才是最重要的。我们不需要成为专家，也不需要寻求启迪，我们需要的是能在大部分时候奏效的简单方法。这三个步骤非常简单，问问自己以下三个问题。

- 我感觉如何？
- 我为何会有这种感觉？
- 我要做什么？

这最初被称为"如何、为何和什么"模型，它是这样工作的。

（1）我感觉如何？这似乎是一个非常愚蠢的问题，但事实并非如此。大多数时候，我们并不会问自己的感受如何，我们只是去感觉。但意识是通向选择和控制的大门。如果从未意识到自己的感受，那么我们就会失去控制。一旦你意识到这一点，你就可以选择是否想要那样的感觉。所以，如果你感到专注、好奇和投入，你可以继续下去；但如果感到无聊或生气，你可以选择做些什么来改变现状。除非你意识到自己感觉如何，否则你无法去控制它们。

（2）我为何会有这种感觉？这是一个发泄的好机会。想想所有让你消极思考的外部因素。如果不喜欢的人故意让你心烦意乱，那你完全有理由感到生气和烦恼。但没有哪条法律规定你一定要生气和烦恼，那是你的选择。

（3）我要做什么？你可以选择继续保持消极情绪。如果你感到无聊，你可能想要保持这种状态，这是一个恢复的好机会，你可以做一些不需要动脑筋的事情，例如看肥皂剧。

这是很容易表述的原则，而且你一旦熟悉了它，就很容易付诸实践。为了将其付诸行动，我们来看一个实际案例，看看你如何在工作中将恐惧转化为勇气。

在实践中培养习惯：化恐惧为勇气

把恐惧转化为勇气是一个很好的例子，它说明即使是内心深处的情感也可以通过培养习惯这种方式来习得。恐惧和勇气是至关重要的，它们让我们的祖先在过去存活下来，让我们如今的事业走上正轨。如果我们的祖先不害怕灌木丛后面的东西，他们可能就会被狮子吃掉。恐惧保存生命之火，但它也阻止了我们充分发挥潜力。如果想成功，你就需要为以下几件事去冒险：

- 学习新技能；

- 承担起新任务；

- 当他人退缩时，你挺身而出；

- 解决困难；

- 管理冲突。

这需要你进行微妙的平衡。恐惧有助于生存，但它也会抑制成功；而勇气有助于成功，但它也可能导致失败。

- 恐惧 = 生存 ≠ 成功

- 勇气 = 成功 ≠ 生存

几年前，我让一个小组的成员去讨论那些优秀的领导者的恐惧、勇气和心态。小组成员发现，大多数心态都是可以习得的心理习惯，例如乐观主义或自我效能感。然后，小组成员开始讨论勇气这个话题。当地政府的一名高级官员双臂交叉在胸前，宣称："好吧，勇气很简单，你要么拥有它，要么不拥有它。你不能通过训练使自己具备勇气！"

我警觉地环顾了房间一圈，发现每个人都在等待关于如何培养勇气的真知灼见。我并不知道勇气能否经过培养而获得。在后排座位，我看到了当地的消防队队长，于是我转向他，问他是如何把消防队员训练得如此勇敢的。

消防队长站了起来说道:"我想让大家知道的第一件事是,我从来不需要一个勇敢的消防员!因为一个勇敢的消防员很快就会牺牲,这对我毫无用处。"

这个回答让我垂头丧气。于是我问他,他是如何让消防员做一些普通人认为危险的事情的,例如爬上高高的梯子进入烟雾缭绕、正在燃烧的大楼里。消防队队长高兴地笑了,解释他如何能让消防员做这样的事情:"他们首先要学习如何穿上基本的装备和衣服,如何安全地爬上一个小梯子,以及如何扑灭锅里的火。慢慢地,装备变得更加复杂,梯子变得更长,火情变得更加危险和复杂。最终,他们会做别人认为非常勇敢的事情。"

海军陆战队的做法也完全一样,只是更加激烈和极端。他们从简单、基本的练习开始,慢慢地向一些困难的练习发展。我们从海军陆战队和消防队身上得到的经验是,勇气可以从小处学习,这能让我们对不正常的事感到习以为常。

勇气可以从小处学习,这能让我们对不正常的事感到习以为常。

作为一名管理者,你可以像消防员和海军陆战队队员一样,一步一个脚印地获得勇气。这需要你去学习某些惯例和习惯,把不熟悉的事情变得熟悉起来。例如,每个管理者都是销售人员,职位越高,其工作就越与销售相关,因为管理者必须把自己的想法和对事情轻重缓急的判断"推销"给持怀疑态度的上司、竞争对手和客户。那么如何学会销售呢？答案是：一次一小步。在理想情况下，你的第一次推销不是针对公司的 CEO 和董事会。在实践中，你已经有了大量的销售经验，你会很自然地把自己的想法推荐给朋友、家人和最亲近的同事，这是你日常生活的一部分。你需要做的就是有意识地、审慎地来培养这方面的经验。

学习销售

销售是困难的，但也是有回报的。例如，你能准确地知道自己每天的表现如何，你可以从埋单或不埋单的客户那里得到有关你业绩的实时反馈。

我在苏格兰北部学会了销售洗衣粉的传统方法。我花了几天时间跟随一位有经验的前辈，每次他打完电话后，我都不停地追问他为什么要这么做或者不这么做。后来，他让我为一些电话做准备，然后由我来主导部分通话。之后，他让我在他的密切监督下主导一些电话，这些电话都是打给他的老客户的，他知道他们会表现得很好。这些店都很小，所以推销成功与否并不重要。事实上，我所迈出的学习步伐很小。

最后，他让我独自一人去了一家商店。从那以后，我很快就成了伯明翰最好的纸尿裤销售员，但我也有过失败的销售经历。我们可以从失败和成功中学习，所有的学习都需要冒险。

获得勇气主要是指学习一些常规事务并养成某些习惯，进而让那些困难和危险的任务看起来容易且安全。学习常规事务是获得勇

气的外部途径，那些对别人来说需要鼓起勇气才能做的事对你来说稀松平常。但是为什么养成新的习惯这么难呢？

每一个蹒跚学步的孩子都非常渴望学会走路，即使他们一直在摔倒，也会振作起来，再试一次。这就是小孩子们的学习方式：经历无休止的尝试和犯错的过程。成功是无数次失败后的产物。但后来，在某个时候，我们知道自己不应该失败。我们学会了恐惧，却失去了尝试的勇气。对失败的恐惧贯穿了我们整个学生生涯，我们认为小测验和考试不及格就是失败。当我们进入职场后，我们知道失败对事业有害，我们更有可能因为错误的结果而受到指责，而不是因为努力、尝试新事物而受到赞扬，这让我们在工作中极度厌恶风险。

成功是无数次失败后的产物。

习得技能的恐惧位于先天恐惧之上，而先天恐惧是祖先传给我们的生存本能。我们的基因、学校和工作场所都告诉我们，害怕冒险、害怕犯错是正常的。但如果我们总是害怕犯错，我们甚至无法在小时候学会走路。我们必须找到克服恐惧的方法，因为恐惧阻止我们冒险、学习新事物和追求成功。

在生活中，这意味着你必须学会控制自己内心喋喋不休的"话语"。在关键时刻，当希望的天使与恐惧的魔鬼争夺你的注意力时，内心那些喋喋不休的"话语"会变得震耳欲聋。希望的天使会向你保证，你能成功，冒险是值得的；恐惧的恶魔则会向你描绘一幅失败后职业生涯和个人生活可能会面临的灾难性画面。在这场辩论中，恐惧的恶魔可以轻易取胜，因为我们都习惯于规避损失。

你所面临的挑战是管理内心的恐惧恶魔。令人惊讶的是，解决该问题的方法是倾听内心恶魔发出的声音，然后挑战它们。试图把这些恶魔关在门外或者无视它们是行不通的。如果你选择视而不见，那它们只会愈发努力地吸引你的注意力，甚至会变成你内心深处挥之不去的疑虑。久而久之，内心的恶魔会慢慢地摧毁你的自信，让你更有可能失败。

不要忽视恐惧的恶魔，要怂恿它们来挑战你。

- 问问你心中的恶魔，最坏的结果是什么。
- 问问它们，你是否能在最坏的情况下幸存下来。
- 问问它们，最好的情况是什么。
- 问问它们，你需要做什么才能把最坏的情况变成最好的情况。

练习9　倾听自己内心的声音

当你下一次面临困境或需要做出选择时，遵循以下四个步骤。不要试图逃避内心的恶魔，你只能通过建设性的倾听来驯服它们。

第一，倾听内心恐惧恶魔的声音；第二，问问自己如何在最恶劣的环境下生存下来；第三，倾听内心希望天使的声音；第四，规划前进之路。

_____

恐惧失败

我决定开办一家银行，而我的银行账户有 10 多亿美元的资金缺口。

我失败的可能性很大。所有的专家都乐于指出我想法中的诸多缺陷。例如，我在哪里可以找到 10 亿美元？我将如何构建所有的技术基础？我将如何克服监管机构对一家新银行的阻力？我将在哪里找到团队？我将如何阻止大型竞争对手破坏我的想法？

对失败的恐惧包括三种情况。首先，经济上的失败可能是糟糕的，在最坏的情况下，我可能会失去一切，包括房子；其次，职场上的失败会让经济情况雪上加霜，在经历了如此惨烈的失败之后，我还能找到另一份工作，重新开始我的职业生涯吗？最后，我面临着对失败的恐惧，我将成为同事、朋友和家人的笑柄，因为我接受了如此荒谬的挑战。

我没有逃避这些恐惧，而是选择直面它们。首先，我意识到我可以管理财务风险；其次，我对自己的专业技能很有信心，如果有必要的话，我可以重建自己的职业生涯；最后，在社交场合被人嘲笑则是我最不担心的事情。只有在直面恐惧之后，我才能战胜它，并找到勇气离开现在的工作，去着手新银行的创立工作。最终的结果是我可以完全投入新的事业中，这是取得成功的关键。

如果你看到了最坏的情况，知道自己能挺过去，那么做出勇敢的决定就会变得容易得多。

一旦恐惧的魔鬼知道你已经听到并承认它们的存在，它们就会平静下来。它们认为你已经意识到了风险并且会采取应对措施，它们不需要大声地喊叫。如果你试图忽视内心的恶魔，它们就会变得狂躁。一旦魔鬼安静下来，你内心的希望天使就有机会被听到，你需要倾听天使的声音，因为它们是你想要创造的未来。一旦你听到了天使和魔鬼的声音，你就可以开始想办法摆脱最坏的情况，实现最好的情况。你将能够理性和客观地看待形势，而不是透过恐惧和希望的迷雾去看未来。

学会管理内心的魔鬼和天使是获得韧性思维和维持高绩效的关键所在。如果你被内心的恶魔控制了，那么你将永远无法学习、成长和发挥自己的潜力。当你开始听到内心恐惧的恶魔变得喋喋不休时，不要忽视它们，而是要倾听它们，因为它们正试图帮助你。将上文中简单的四步法变成一个标准的习惯，你会发现内心深处的天使和魔鬼可以进行一场聪明的对话，并引导你走上正确的道路。

总结

消极情绪和疼痛一样是非常有用的。它告诉我们有些地方出了问题，我们需要为此做点什么。与忽视疼痛一样，如果忽视消极情绪也会带来危险。消极情绪会使你精神萎靡、缺少动力、无力承担风险，它还会阻碍你去学习，进而导致你表现不佳。这意味着你必须学会管理消极情绪。

对很多人来说，第一个让他们惊讶的地方就是他们可以选择自己的感受。感到快乐或痛苦都是你的选择。一些极端情况（如中彩票或入狱）会影响你当下的幸福感，除了这些极端情况外，你没有必要让别人的行为来支配你的情绪。

你可以选择自己的感受。

意识是你选择和控制情绪的重要途径。只有当你意识到你可以选择自己的感受时，你才能去控制它。一旦你知道自己有选择的余地，你就可以使用简单的"如何—为何—什么"过程来控制情绪。

- 我感觉如何？
- 我为何会有这种感觉？
- 我要做什么？

恐惧是一种特别难被控制的情绪，因为一直以来，它对我们的生存至关重要。我们在学校和职场也会经历对失败的恐惧。如果恐惧阻止你去冒险、学习新技能或接受有挑战性的人和事，那么你永远都不会成功。由此可见，恐惧阻止你失败，但它也阻止你成功。

消极情绪和疼痛一样，是非常有用的。

你有两种方式可以习得应对恐惧的勇气。消防员和海军陆战队队员的方法是温和地拓展自己，即慢慢地让不熟悉的感觉变得熟悉起来，让危险的事情变成例行公事。另一种方法是管理你内心深处恐惧的恶魔和希望的天使二者间的对话。既然你不能忽视恐惧的恶魔，那就直接面对它们吧！一旦恶魔的声音被你听到，它们就会安定下来，你就可以听到希望天使的声音了。

综上所述，维持长久的成功取决于你如何管理情绪、希望和恐惧。

第三章

管理内心活动：
FAST 思考法的力量

本章将讨论如何在关键时刻建立韧性思维。我将向你展示如何识别那些无价值的思维习惯，让它们变得对你有帮助。你会发现以下两个核心问题。

- 如何通过挑战无用的信念来积极应对逆境？
- 如何避开让你陷入困境的五种典型的思维陷阱？

本章围绕如何管理你的内心活动而展开讨论。我们常常是自己最严厉的批评者。通过控制内心活动，你可以学会善待自己，帮助自己做出更好的反应，从而表现得更好。本章将告诉你如何培养出快速（Fast）、准确（Accurate）和自我提升（Self-enhancing）的思考方式（Thinking）。答案是：在关键时刻使用 FAST 思考法。

信念的重要性

有一天，我开车外出时被堵在了路上。当时，那段路已经陷入了交通瘫痪。我很快就哪儿也去不了了。当我从挡风玻璃往外看时，我开始观察人们。

在我左边的巷子里，一位中年男子被汽车尾气笼罩着。他疯狂地对着周围的车辆打着手势，偶尔会按喇叭来发泄愤怒，希望按喇叭能让交通堵塞消失，但这是徒劳的。

在我右手边，一位女士在一辆出租车的后座上打造了她的临时办公室：她的周围都是文件，她腿上放着一台笔记本电脑，耳朵与肩膀之间夹着一部电话，她在一边打电话一边打字。此时，她对周围的一切都漠不关心。这意味着她可能错过了眼前的表演：一对年轻夫妇决定充分利用他们在一起的时间，他们依偎在彼此的怀里；其他司机则四处张望、听收音机或坐立不安。但我们谁也动不了。

交通瘫痪是一件机会均等的恼人之事，它对待每个人都一样，不管你是谁。但每个人的反应却不一样。在那一刻，我意识到自己可以选择如何应对逆境。交通瘫痪很让人恼火，特别是当你需要参加重要会议或赶航班的时候。但是并没有哪一条法律规定你一定要生气，生气只是你个人的选择。你可以选择自己的反应，你可以按喇叭，你可以对爱人说甜言蜜语，你可以放松下来听音乐，你可以将车变成临时办公室，或者你可以观察别人。

这是让我灵光一现的时刻，我在那一刻意识到，我可以选择自己的感受，而不需要让某件事影响我，或者让他人把感受强加给我。这是一种解脱，我不再需要成为这个世界的"棋子"，我可以为自己做出选择。

交通瘫痪是一件机会均等的恼人之事。

随后，问题开始不断出现。

- 为什么面临同样的状况，有些人会生气，而有些人却能保持冷静呢？
- 你如何确保在关键时刻做出正确的选择？
- 你的选择将如何影响你的生活？

你可以选择自己的感受。

在接下来的几个月和几年里，我慢慢地把碎片拼凑在一起。我对理论不太感兴趣，而是更热衷于实践。我受够了悲观和愤世嫉俗，我受够了受控于外部世界，我想为自己做出更好的选择。

我受够了受控于外部世界。

通过交通堵塞的现象，我发现，同一个事件并不会让每个人的反应都相同，而是会千差万别。

苹果总是从树上往下掉。如果你走进一个果园，看到苹果向上或向旁边落下，你会感到非常惊讶。如果我们都像苹果一样，对同一件事做出同样的反应，我们就会成为命运的遵从者。事件显然可以塑造我们的情绪。例如，如果上司对你大吼大叫，那么你在那一刻很难做到笑容满面或兴高采烈；婚礼现场通常是欢乐的，葬礼现场则充满了悲伤。

即便是这些极端的事件也可能颠覆人们的固有观念。例如，一些葬礼变成了对逝者生命的庆祝，以及朋友和家人重新联系的机会；有些婚礼会因为两个家庭成员在酗酒后发生的争吵而变得一片混乱。事实上，没有任何行动会导致人类产生某种不可避免的反应。

信念发挥着不同的中介作用，它决定了我们的反应。由此可见，决定我们感受和行为的不只是事件。

信念决定了我们的反应。

我们面临的挑战是，我们的许多信念是如此根深蒂固，以至于连我们自己都没有意识到。信念就像计算机的操作系统，很少有人愿意深入了解并改变这种系统。我们也很少有人愿意深入研究大脑的操作系统，去审视那些决定，我们感受和行为的核心信念。

我们的许多信念是如此根深蒂固，以至于连我们自己都没有意识到。

如果说探索我们信念的操作系统是困难的，那么改变它就更为困难了。信念造就了今天的我们。在实践中，这意味着，我们的信念至少在某些条件和情况下是奏效的。然而，即使是最成功的人也会发现，他们的信念会在错误的时刻把他们绊倒。这意味着你不需要改变自己的信念，而是需要理解它们，并认识到它们什么时候会帮助你，什么时候会阻碍你。

大多数时候，你会凭直觉去思考和行动，因为这是最实用的导航方式。这就是诺贝尔奖得主所说的"快速思考法"。但他也表明，你也需要能够慢下来思考，在重要的时候挑战自己。

本章将介绍如何在特定环境中识别和管理自己的信念。

FAST 思考法

当我还是个孩子的时候，我觉得自己必须避免踩到铺路石之间的缝隙，否则熊或蛇会从缝隙里出来吃掉我，所以我学会了一个游戏，即从一块铺路石跳到下一块。现在当我感到无聊的时候，我仍然会这样做。事实证明，这是一个很好的策略，因为到目前为止，我还没有被蛇或熊吃掉。但在实践中，如果我们必须时刻警惕藏在某个角落的熊或蛇，我们就会永远停留在原地；如果我们必须对每一座想要通过的桥进行全面的工程研究，以确保安全，我们就会被困在原地。

我们必须对世界的运行规则做出简化性的假设。我们认为铺路石之间的缝隙是安全的，桥梁是安全的，我们不会在购物时被抢劫，我们买的食物不会让我们生病，我们乘坐的飞机不会从天上掉下来。如果这些假设被证明是错误的，那它们就会立即引起媒体的关注。

这些假设可以延伸到我们如何与他人互动这一问题上。但每个人对什么有效、什么无效都有着不同的假设。有些人认为你可以信任同事，而有些人则不这么认为；一些人认为冒险是好事，另一些人则认为安全最重要。就像我们假设桥梁是安全的，这些观念是如此根深蒂固，以至于我们甚至没有意识到这是我们正在做的假设。这使你的假设既有用又危险。

你的假设不可能在任何情况下都正确。

你的某些假设是有益的，因为它们使你不必对每一个行动都深思熟虑，从而使日常生活变得很容易。但这些假设也非常危险，因为它们不可能在任何情况下都正确。例如，一味地信任别人会给你带来麻烦；假设自己不承担任何风险则意味着你可能会错过无数次机会。

这些假设就是你的信念系统和操作系统，它们使你每天都能正常工作。它们是决定你如何对事件做出反应的信念，所以你有必要理解自己的信念是如何帮助或阻碍你的。

在理想情况下，你具备的信念代表了灵活、准确和自我提升的思考方式，我们将其称为"FAST 思考法"。它必须是快速的，因为你需要做出实时反应。FAST 的具体含义有以下四点。

（1）灵活。不同的事件需要不同的反应。例如，你相信自己不应该放弃，如果这意味着坚持迎接困难所带来的挑战，那这种想法显然对你有益；如果它意味着你在风暴来临之前不从山顶折返，那这就可能是致命的。当你的内心开始唠叨一些绝对化的词汇时，如"必须""永远""没有人""总是""每个人""应该"等，你就能识别出这是僵化的思维。当你的脑海中出现这些词汇时，你一定要去质疑它们。你真的应该永远不放弃吗？你真的不能相信任何人吗？事实上，僵化的思维不可能做到完全准确。所以你需要灵活的思维，使其变得准确，并能在你遇到状况时帮助你。

（2）准确。人们很容易对事情做出情绪化的和消极的反应。准确的思考帮我们避开了大的思维陷阱，让我们准确地评估证据。这阐释了我们的立场，让我们在选择后做出更好、更明智的反应。

我们用证据来证实自己的感觉。

（3）自我提升。有些信念是有益的，而有些信念则没那么有用。我们已经看到，乐观的想法会帮你活得更久，而且它能比悲观的想法更好地发挥作用。心怀使命感比相信自己是命运的受害者要好，有自我价值感比没有自我价值感要好。通常，我们是自己最严厉的批评者。内心的喋喋不休对我们来说可能很残酷，而自我提升式的闲聊就像是你的好友在对你说话。

（4）思考。我们的信念所面临的真正挑战是我们没有意识到它们的存在，它们让我们本能地和下意识地对某事件做出反应。这在大多数情况下是有效的，并且对我们有益。但是，你的直觉有时候会让你陷入麻烦，你会发现自己的反应毫无意义。一时冲动之下，你往往不可能改变行动的方向。但是，在事情发生之后，你有必要反思一下自己当时的反应。如果你没有意识到信念的存在，那你就无法管理它们。你必须识别出自己的定势思维，你可以在本章后面的内容中找到如何做到这一点。

通常，我们是自己最严厉的批评者。

练习 10　挑战你的工作思维

所有优秀的写作者在发表观点时都会做的练习是：从相反的角度来写文章。只有完全理解对手的观点，他们才能将对方驳倒。你可以在工作中进行同样的练习。

（1）回顾当前或近期你与同事或朋友发生的争论，你可以找到很多理由证明自己是对的。现在从另一个角度去构建你的论点：对方将如何描述这件事呢？可以确信的是，他们的叙述能表明他们的正确性。一旦你理解了他们如何看待这个世界，你就有可能表现出对他们的同情和理解，进而找到前进的道路，或者你可以决定是否要对他们施加更大的压力。

（2）如果你正准备对自己的想法做一次重要的推销，那么站在推销对象的角度来看待它，问问自己：他们真正想要的是什么？他们喜欢什么，不喜欢什么？他们的备选项是什么？他们可能持有什么反对意见？一旦你通过他们的眼睛看世界，你就更有可能说服他们，不太可能被意想不到的问题绊倒。站在这个角度看待事物会阻止你因为过于迷恋自己的想法而忽视了决策者的需求和现实情况。

站在不同的角度看问题是非常有效的方法。这会让你成为一个更加自律、更加有创造力的思考者以及更有效率的说服者。

韧性思维画像：FAST 思考法

凯茜·奥多德（Cathy O'Dowd）是第一位攀登上珠穆朗玛峰的女性。

"登山总是需要你做出选择。"凯茜说。她是第一位从南北两侧登顶珠穆朗玛峰的女性。有时，这些选择关乎生死，因为"登山总是有两个目标：到达顶峰，然后再安全地下山"。

在压力下做出明确的选择总是很困难。当你接近峰顶，在感到寒冷、疲惫和缺氧时，做出生死抉择的难度要大得多。当她在峰顶附近遇到一个奄奄一息的登山者时，她面临着生死抉择：是停下来帮忙，还是转身下山，抑或是继续爬山呢？经过考虑，凯茜转身返回山下。用她的话说："如果你在顶峰时发烧，并且在那里倒下，你就给团队出了道难题。他们必须把你带下去。这不像马拉松比赛，你无法停下来叫辆出租车。"

当她攀登没有人爬过的南迦帕尔巴特峰（Nanga Parbat，世界第九高峰）时，同样也是这份清醒的认知帮助了她。当时他们面临食物短缺，面对一条未知的路线，可能要两天才能出去，而且队伍里那些了解珠穆朗玛峰的夏尔巴人并不了解南迦帕尔巴特峰。两名队员奋力向前，准备不惜一切代价登顶。而她却选择了返回，因为她很清楚自己的选择和目标："我一辈子都在爬山，我想在80岁的时候依然可以爬山，我永远知道自己想要什么。"

有时，成功必须被推迟。我们总是有选择的余地，即使那些选择会让人不舒服。

和许多适应力强的人一样，她知道自己的适应力与环境相关："我更能适应山区的风险，因为我投入了大量时间，知道自己的优势和劣势。"她的韧性思维来自经验和学习、主动与有经验的登山者合作、高度的目标专注力和自我效能感。

我们总是有选择的余地，即使那些选择会让人不舒服。

表3-1阐释了灵活思维与僵化思维、自我挫败信念与自我提升信念之间的区别。

表3-1　不同的思维与信念的区别

	自我挫败信念	自我提升信念
灵活思维	• 悲观主义 • 我倾向于不相信别人 • 这是个危险的世界 • 我不喜欢求助于别人	• 乐观主义和成长 • 我倾向于信任和尊重他人 • 我喜欢学习和成长 • 努力是有价值的
僵化思维	• 受害者心态 • 从不信任任何人 • 没有人喜欢我 • 我是残酷命运的受害者	• 自恋，过度追求成就 • 我必须赢／成功／完美 • 我必须被每个人喜欢 • 我必须获得掌控权

在实际情况下，你的信念就是你的信仰。改变信念就等于改变你自己。也许这是你想要做的或需要做的，在这种情况下，你很可能会求助于心理咨询师。改变信念需要时间、努力和大量的支持。

你有一个更简单的选择，这个选择能让你保持原样，不需要接受很长时间的心理治疗，而且见效快。那就是让自己变得更加灵活，进而能够适应不同的情况。利用困境是一个好方法。每当你发现自己对一件小事反应过度时，你很有可能只是遇到了自己的一个定势思维。这些是你内心深处的信念，它们在大多数时候会帮助你，但有时也会拖你的后腿。

改变信念就等于改变你自己。

你可以利用每一个冰山事件来揭示出自己更多的定势思维。这些事件通常是你发现定势思维的唯一途径，所以它们对你来说非常有价值。当你被某件事惹恼或因为某件事而感到心烦意乱时，好好利用这件事，认清让你心烦意乱的信念。如果你认为这些信念需要加以修正，那么就去做。你不需要放弃你的信念，你需要识别它们，分析它们是否适合你现在所处的环境。

例如，我坚定地认为，尊重是自己赢得的，而不是外界给予的。这意味着我必须一直努力证明自己。当我担任多个组织的董事会主席时，我从不认为自己应该得到尊重。我认为，尊重应该来自出色的工作，而不是你的头衔。但即便是这种看似合理的信念也有其阴暗面。这意味着我完全不尊重权威或随意的规则。某人拥有权力，并不意味着他所做的愚蠢行为就必须得到别人的尊重。

这是一个让我不断陷入麻烦的信念，给我带来麻烦的既有大人物，也有执行愚蠢规则的小官员。在学校，这是一个灾难性的信念。我对一些老师缺乏尊重，他们的激烈反应只是强化了我的信念：尊重应该是自己赢得的，而不是外界给予的。这就是信念的本质，即我们以一种不断强化的方式来解读事件。这被称为确认偏差，它形成了难以逃脱的验证循环。

所以我已经确定了我的定势思维是什么，而且我很乐意接受它。但现在我知道，在某些情况下，这个信念对我并没有帮助。慢慢地，我学会了调整信念。因此，我现在认识到，尽管我们应该靠自己的努力来赢得尊重，权力应该被服从（即使不被尊重），但这与我所秉持的其他个人信念是一致的，如冲突不可取。

关键在于，你要了解自己的信念在什么时候可以帮助你，在什么时候会阻碍你。这是一次发现之旅。如果你带着目的来开启这个旅程，那么你的思维就会变得灵活起来，便于你在不同的环境中做出适当的反应。

根据定义，你的大部分定势思维都隐藏在表面之下，它们很难被发现。接下来我将用两个练习来帮助你发现和挑战自己的定势思维。

表 3-2 列出了一些较常见的定势思维，看看你是否具备表中列出的某些思维方式。表 3-2 中列出的思维方式都会带来积极的影响，这些思维方式在大多数情况下对你有益。然而，它们有时也会带来负面影响，甚至会让你犯错。如果你没有这些定势思维，那么你可以用这个表作为提示，来思考你有哪些定势思维，然后思考它们在大多数时候如何帮助你，偶尔又是如何阻碍你的。

这个练习的主旨是让你建立起相关意识。一旦你意识到自己可能有一些定势思维，你就可以开始管理它们了。如果你没有意识到它们的存在，你就有可能成为它们所造成的后果的"囚徒"。

表 3-2　常见的定势思维

信念	积极后果	消极后果
失败是脆弱的象征	下定决心要取得成绩	避免承担风险或拓展自己所承担的角色
我必须得到别人的喜爱	合群友善	无法与他人展开困难的谈话（关于表现、期望等话题）
冲突是不可取的	合作、顺从	不能对抗欺凌和冲突，容易被击垮
尊重是靠自己赢得的	努力工作，关注取得的成绩	对权威人士和造成麻烦的随意规则缺乏尊重
我的时间很宝贵	努力工作	很容易因为排队等琐事而感到烦躁
女性应该友善且乐于帮助他人	在团队中乐于帮助他人	无法为自己的利益挺身而出

（续表）

信念	积极后果	消极后果
真正的男子汉从不表达情绪	把注意力完全放在任务上	面对痛苦时无法解决，与同事相处时情商低
真正的男子汉从不放弃	在困境中坚持	当身处险境（在山上）或是功能失调（从事糟糕的工作）时依然在坚持
任何对我的信仰或政见持异议的人都是"魔鬼"	为事业奉献	陷入暴力和极端主义
追随自己的激情	有达成卓越表现的潜力	这有可能会对家庭关系带来不好的影响
诚信就是一切	强大的榜样力量	无法忍受他人
同事们只顾自己，不值得被信任	在政治上表现精明	单打独斗，无法构建起他人对你的支持网
我必须得到尊重	努力做正确的事	容易生气
努力工作获得成功	努力工作	不愿意处理工作中的政治问题
我的婚礼和生日应该是完美的	专注于创造神奇的一天	任何微小的挫折或缺点都会让你失望或哭泣

练习 12　挑战你的定势思维

在通常情况下，你在撞上冰山前是无法识别出自己的定势思维的。你在生活中遭遇的这些逆境时刻尽管让你感到很痛苦，但也非常宝贵。这是发现定势思维的好机会，一旦发现了定势思维，你就可以去挑战它了，这样你就可以在未来更有效地应对它。

你可以用结构化的方式挑战自己的定势思维。以下是有效管理定势思维的三个步骤。这是一个值得与他人一起做的练习，他们可以在第二步时向你提问。当你的头脑像风车一样转个不停时，你回答问题时的思路会变得前所未有的清晰。

（1）停下。意识是通向选择和控制的大门。人们很容易把一件不利的事情看成是坏运气，或者把责任推给其他人。但当你的反应对结果毫无帮助时，你的选择就会导致上述情况的发生。这是一个让自己停下来的好时机，但不要责怪自己，否则你就是在面对困境时做出了无益的反应。

（2）反思。找出导致你做出某种反应的定势思维。问自己一些简单的"什么"问题，顺序随意。

- 对于我来说什么是最糟糕的？
- 这对我意味着什么？
- 什么让我最难过？
- 假设这一切都是真的，那么现在是什么让我如此心烦意乱？

这些问题会让你对自己开诚布公。问问自己（即使是在内心深处喃喃自语），为什么在问题出现后它们只会让自己失去理智和产生戒备心。问这些问题可以让你发泄情绪，同时也可以暴露出你的思维方式。

（3）改善。确定如何调整自己的信念，使它更灵活、更好地适应不同的情况。你不应该攻击自己的信念。与其去评判它，不如去理解它。你可以通过问以下三个问题来做到这一点。

- 这种信念在过去对我有哪些帮助？至少在某些时刻，你要让自己相信这些信念是有价值的。同时，你需要具体说明它是如何帮助你的。

- 这一次它为何无法帮助我？
- 我如何调整信念，使它在未来类似的情况下对我更有帮助？

在研讨会上，最困难和最有成效的步骤是第二步。这一步可以让你厘清思路，进而让第三步变得容易。但你首先要花点时间停下来，让自己思考一些毫无帮助的事情。单纯地停下来并挑战自己的定势思维就能带来非常强大的力量。

定势思维以及发展灵活的思维方式

情境：上司取消了我向董事会做重要报告的计划，我为此已经准备了好几个星期。我的上司说，他将直接向总裁提出我的建议。

步骤1：停下

别生上司的气，因为他可能通过非正式（与总裁交谈）而不是公事公办的方式（向董事会做报告）来促使你的提议被接受。

步骤2：反思

这对我来说意味着什么呢？这意味着我的建议被推迟，我的努力也不会被董事会看到，我升职的希望破灭了。我再也不能信任我的上司了，我再也不和他有来往了。

这件事让我最难过的是什么呢？这表明我的上司根本不信任我（如果你不能信任你的上司，那么是时候换一个老板了）！

这件事对我来说最糟糕的是什么呢？我以为我可以信赖我的上司，但我不能。这意味着我找不到一个可以依靠的人。

反思之后，我很快发现了自己的核心信念是：我应该能够信任或依赖上司。因为上司可能有很好的理由，他推翻我们之前达成的一致意见是为了进行决策管理。

步骤3：改善

在过去，这种信念对我有什么帮助？它确实帮我找到了有趣的工作，让我学到很多，我也因此得到了提升。

在当前这种情况下，这种信念对我有什么帮助？这意味着我不得不依赖他人来提升自己，维护自己所有的利益。

我如何在未来适应这种信念？我仍然想要保持这个信念，但是，在未来，我将建立起自己的关系支持网，这样我就不必完全依赖于某一个人的善意了。

在这种情况下，我的信念保持不变（相信上司），但行为变得更加灵活和富有成效。

你可以决定在整个组织内建立起一个更广泛的支持基础，而不是盲目信任某一个人并在这段关系上赌上一切。这将给你提供更多的选择和信息，帮助你在不同的情况下做出选择。

虽然把这些步骤写成文字看起来是一个漫长的过程。但在实践中，你完成这件事可能只需要几分钟的时间，你可能只需要一边喝着咖啡，一边安静地回想发生了什么。

管理五大思维陷阱

我们都会向自己解释事情发生的原因，想为一切事情找到理由。即使找不到合适的理由，我们还是想通过故事来解释那些无法解释之事。我们向自己解释事情的方式关系到韧性思维。FAST 思考法能更有效地帮助我们理解并解释我们身处逆境时的反应。

有时候，我们的想法是有益的，但有时却并非如此。我们可能经常陷入五种典型的思维陷阱。虽然这些陷阱都是我们向自己解释逆境的方法，但它们都毫无用处。这些思维陷阱值得注意。如果你发现自己正陷入其中，那么你就要提高警惕了。以下是这五种思维陷阱：

（1）灾难化；

（2）无助感；

（3）揣摩人心；

（4）原因外化；

（5）原因个体化。

练习 13　识别你的思维陷阱

该练习与增强意识相关。这是一种简单的方法，让你可以预防那些最常见的、最危险的思维陷阱，每个人都会时不时地陷入其中。仔细阅读并记住这五种思维陷阱，回忆一下你或你身边的人在什么时候陷入过这些思维陷阱，以及后果是什么。我将提供一些应对思维陷阱的建议，以及帮你走出逆境的小窍门。

（1）灾难化

这种思维陷阱很容易被发现。当你内心开始唠叨起诸如"总是""从不""没有人""每个人""什么也没有""一切都有"等永久性的、无处不在的词汇时，你很可能就是在将问题灾难化。例如，应对挫折时的灾难化思维是："从来没有人帮助我，我不可能做成任何事，在这里没有什么是正常的。"

从将问题灾难化到产生无助感是非常小的一步。如果你确实认为没有人会帮助你，或者坚持认为某件事不可能成功，那么你有可能会立刻放弃。当灾难化思维产生时，韧性思维就会被你抛之脑后。

当你将问题灾难化时，大脑就会寻找一切证据来证明你是对的。它将寻求证据来巩固你内心的某些信念，例如，"我的上司永远不值得被信任""我的同事永远不会帮助我"。当你产生这种灾难化的想法时，要去质疑它。与其寻找确凿的证据来证明你的信念，不如寻找与你的信念相悖的证据，这样你很快就会发现另一种观点。

如果你认为同事从不帮助你，那你可以找到大量的证据来证明这个信念。但此时，你要去挑战这种信念，找到他们有时帮助你的那些例子。你很快就会发现，在适当的情况下，同事会帮助你。所以，你可以考虑创造一个同事会帮助你的环境。这样，你会把灾难化的想法变成建设性的想法。

（2）无助感

在这种情况下，你认为自己是残酷世界的一位受害者，什么也改变不了你的处境。这种信念会在你不经意间悄悄形成。在申请了 100 份工作却没有得到一次面试机会之后，你很容易开始相信没有什么事情会成功（将问题灾难化），所以你有可能会放弃（感到无助）。

这种"习得性无助"最早由积极心理学之父马丁·塞利格曼（Martin Seligman）发现。在可以给狗做电击实验的时代，他给三组狗做了这个实验：第一组狗配有一个控制装置，它们可以按下控制装置来停止电击；第二组狗配有电击装置，但没有停止电击的控制装置；第三组狗既没有电击装置也没有停止电击的控制装置。然后，他将这种对狗的休克疗法推进到了第二阶段，他让这些狗在一个小围栏里接受电击，围栏很矮，狗可以轻易跳过。第一组（之前有控制装置）和第三组（没有被电击过）的狗很容易跳过低矮的围栏来躲避电击，而第二组狗（之前被电击过，但没有办法控制它）因为已经知道自己无法控制电击，因此虽然它们可以很容易地跳墙逃跑，但它们只是躺在那里呜咽。它们已经习得了无助。

在工作中，当你过于依赖上司或同事为你做事时，你就会感到无助。这是一个很有诱惑力的陷阱：只要上司在帮助你，生活就是美好的。当上司离开或者让你失望的时候，你会大吃一惊。你将无法习得让你获得成功的习惯和支持你的网络。我们将在下一章看到，工作外的习得性无助会对你产生极大的影响。

当你过于依赖你的上司时，无助感就会出现。

（3）揣摩人心

揣摩人心会破坏人际关系。它还会导致你误读事件，让你立即对他人和同事做出判断，并且是以鼓励冲突、阻止任何解决办法的方式来判断。这是一种危险的思想陷阱，因为它不仅会伤害你，还会伤害你的同事、朋友和家人。

如果你发现自己说了"你不是真心的""你不是真的感到抱歉""你只是为了取悦我""你不是真的想去……""你只是假装……"等类似的话，那么很明显，你陷入了这样的思维陷阱。这些语言把对方逼到了墙角。对方说的任何话只会证实你已经做出的判断，结果就是引发怨恨和争论。揣摩人心的对话很少会取得积极的结果。

揣摩人心会破坏人际关系。

如果你发现自己要说出一些揣摩人心的话，那就停下来。与其自己猜测，不如问一些开放性的问题，例如：

- 你为什么这么说？

- 你说的话是什么意思？

- 这是怎么回事？

提问能在两个方面帮助你：首先，它为你赢得了时间，给了自己一个机会，可以让自己做出更深思熟虑的反应；其次，你可能会通过提问发现对方真正想要什么。有了更好的信息，你就可以找到更妥当的回应方式了。

（4）原因外化

我们都时不时地将事情发生的原因外化：我们将自己的不幸归咎于这个世界，而不是自己。这是自然而然的现象，我们都是自己人生故事中的英雄。过多地把责任推给外部世界意味着你失去了动力，你开始相信自己是命运（或他人）的受害者，你自己无法控制局面。如果你总是把自己遇到的挫折归咎于别人，那你就永远不会从中汲取教训。

如果你总是把自己遇到的问题外化，并不断地责备同事或团队成员，那么你很快就会失去对他们的信任。你会发现和同事一起工作或把工作委托给团队成员变得更加困难。你变成了一座孤岛，而这并不是在组织中获得成功的途径。所有的组织都是基于合作而形成的，而非基于个体的工作。在极端情况下，原因外化意味着你最终会与同事发生分歧甚至争吵，因为你试图将任何挫折都归咎于他们。

我们都是自己人生故事中的英雄。

（5）原因个体化

原因个体化是原因外化的对立面。这是指你总是为每件事责备自己。这是一种极端的问责制。它很快就会导致你步入死亡体验式的低谷，你开始认为自己永远无法做成任何事情。原因个体化是步入灾难化思维的大门。

原因个体化是步入灾难化思维的大门。

当你发现自己陷入这些思维陷阱时，要去挑战它们，因为它们对你没有任何帮助。

你需要完成三个至关重要的句子。完成它们之后你将能挑战自己的思维，并找到一个更有成效的方法来解释事情。

（1）"这并不完全正确，因为……"

当你陷入思维陷阱时，你的解释很少是正确的，即使它有一点道理。这就是让你产生确认偏差的来源。如果你认为每个人都反对自己，而且什么事情都不顺利，那你当然能够找到证据来证明有人在反对你，证明有些事情不尽如人意。这可以让你进一步证实自己的观点，即每个人都反对你、什么事情都不顺利。

通过完成"这并不完全正确，因为……"这句话，你强迫自己去寻找证据来证明不是每个人都在反对你，证明也许有些事情可以顺利进行。你很快就会从一个无助的位置转变到一个有选择余地的位置，你可以重新获得控制权。

（2）"看待这件事更乐观的方法是……"

让我们再一次假设你已经开始认为每个人都在反对你，而且没有什么事情是顺利的，此时，看待这件事更乐观的方法如下。

- 我通过这件事获得了很多宝贵的经验，这将帮助我在未来避免痛苦和失望。
- 这样的挫折会让未来的成功更加美好。
- 尽管经历了困难时期，我还是挺过来了。过去的经历告诉我，我可以做成伟大的事情，所以我有信心在未来依然可以取得伟大的成绩。
- 这件事对我的适应力是一次巨大的考验，它会让我在未来变得更加强大。

（3）"我可以通过……来改进。"

这句话有必要放在最后说。如果你认为每个人都反对你，而且没有什么事情是顺利的，那么你就不会相信自己可以改善现状，除非你思考了前两句话。当你打算完成第三句话时，你就已经准备好行动了。奇怪的是，情况越糟，你的可选项就越简单，因为你可能只有一种行得通的行动方式，那就是和上司、最好的朋友或家人沟通。

当你提出这个问题时，不要去反复掂量每一个想法。当你心情不好时，你会说服自己这些想法都是糟糕的。你应该做的是，在不做出判断的情况下，尽可能多地产生点子。当你有 10~12 个点子的时候，至少你会意识到自己有很多选择，即使不是所有的选择都让你很舒服。一旦有了选择，你就重新获得了控制权。此时，你可以选择自己要去做什么，而不是被动地去应付残酷的命运。

练习 14　应对你的思维陷阱

当你发现自己陷入经典的思维陷阱时，试着完成以下三句话来挑战你的思维。

（1）这并不完全正确，因为……

（2）看待这件事更乐观的方法是……

（3）我可以通过……来改进。

完成这些句子将帮助你从更加积极、更有建设性和操作性的角度来看待现实。

总结

本章能给你带来的最大收获是，你知道了对事件的反应和感受是由你自己的选择所决定的。生气、高兴、悲伤、无聊或沮丧，这些都是你自己的选择。选择意味着你拥有掌控权，你不是命运的受害者。选择是由你的信念所驱动的，而这些信念可能是根深蒂固的，以至于你看不到它们，因为它们是定势思维。

你的信念至关重要，它简化了你对世界如何运转或者应该如何运转的假设。这些信念可能在多数情况下都对你有益，但偶尔也会让你失望。这时你需要分三步来寻找你的定势思维。

（1）停止。清醒地认知你的反应，同时明确它是如何帮助你或阻碍你的。

（2）反思。通过问"什么"问题来确定导致你产生某种反应的信念。例如，这对我意味着什么呢？最糟糕的是什么呢？

（3）改善。确定你如何调整自己的信念，从而使它更灵活，以更好地适应不同的情况。不要试图攻击你的信念，因为那意味着你在攻击你自己。你需要根据不同的情况简化和调整你的信念，要灵活一点。

另外，你要尽可能地避免以下五种典型的思维陷阱。

（1）灾难化。"没什么""没有人""永远不""总是""每个人"。

（2）无助感。成为残酷命运的受害者，认为自己永远不可能成功。

（3）揣摩人心。"你不是这个意思""你不是真的感到抱歉"。

（4）原因外化。"除了我，所有人都有错"。

（5）原因个体化。"一切都是我的错"。

你可以尝试完成以下三句话，通过这种方式来挑战这些思维陷阱。

（1）这并不完全正确，因为……

（2）看待这件事更乐观的方法是……

（3）我可以通过……来改进。

这些思维工具旨在帮助你掌握 FAST 思考法，该方法能让你实时建立起韧性思维。

- 灵活。你的信念要能恰当地适应各种情境。
- 准确。准确评估情况，避免常见的思维陷阱。
- 自我提升。与消极思维和破坏性思维截然相反。
- 思考。意识到自己的思考方式，主动选择自己的反应方式。

第四章

掌控命运：自信的力量

我们所生活的世界让我们享受着前所未有的自由，但与此同时也让我们担负着比以往任何时候都要多的责任。过往的确定性已被抛弃，取而代之的是我们正生活在充满机遇和不确定性的环境中。在这个新的世界里，你必须掌控自己的命运，而不是被外部事件控制。自我效能感使你能更好地实现目标，无论这个目标是个人目标（如健康、健身和饮食）还是职业目标（如晋升、加薪等）。

本章介绍的两个核心概念将让你实现自我控制，这两个概念分别是自我效能感（Self-efficacy）和控制点（Locus of Control）。本章会提供四个核心练习，帮助你提升自我效能感。

（1）努力变得精通。

（2）应对挫折。

（3）向外拓展人际关系。

（4）建立影响力。

为何自我效能感在工作和生活中很重要

查尔斯·斯坦利（Charles Stanley）是一个来自得克萨斯州的牛仔，他被称作"响尾蛇之王"。19世纪70年代，他开始接触一些印第安人，他声称自己从他们那里了解了响尾蛇油的神秘治疗功效。查尔斯·斯坦利找到了自己的命运：他不再是一个牛仔，而是成了一名蛇油推销员。他在表演中从袋子里拿出一条活蛇，把它撕开，然后扔进沸水里。接着，他把水上面的脂肪撇去，用其当场制造蛇油织布。他宣称这种织布能或多或少地治愈人们在边疆所受的折磨。

市场对蛇油的需求量远远超过了蛇的供应量。1917 年，调查人员发现，他的蛇油根本与蛇无关，而是牛肉脂肪、红辣椒和松节油的有效混合物。虽然他被罚款 20 美元，但他已经因为 17 家生产无蛇蛇油的工厂发了财。

那么，如果今天有一种神奇的药物可以帮助你实现所有的生活目标，如达到理想体重、戒烟、控制饮酒，并帮助你完成具有挑战性的工作任务，那么你会怎么做？你可能得出的结论是，你将从现代版的响尾蛇王那里买更多的蛇油。

令人惊讶的是，有一些东西可以帮助你实现所有困难的目标，它不需要你杀死蛇并将其煮沸，它更不是灵丹妙药。事实上，奇迹般的疗法就在你的脑海中，它是两个紧密相关的概念的结合。

- 自我效能感[1]。这是一种信念，即你相信自己可以实现目标，

---

[1]　自我效能感是由美国心理学家、斯坦福大学的教授阿尔伯特·班杜拉（Albert Bandura）提出的。

无论你面对的是意想不到之事还是对你不利之事。

- 控制点[1]。这种信念让你相信命运掌控在自己手中，你不是命运的受害者。

奇迹般的疗法就在你的脑海中。

如果你已经很好地掌握了这些信念，你就会认为它们是显而易见的。在一帆风顺的日子里，我们都觉得自己能够主宰命运，并且可以实现自己的目标。但是韧性思维并非是指你过着舒适生活时的感受，而是指你如何应对困难时期。本章将向你展示这些信念如何帮助你在工作中表现得更好，以及帮助你活得更久。像乐观主义一样，这些信念非常强大，你可以通过一些简单的练习来培养这些思维习惯。

职场上的自我效能感和控制点

实际上，企业越来越需要员工具备较高的自我效能感和控制点。在过去，中层管理者的角色是向下传递命令，向上过滤信息。如今情况已经发生了变化。现在你真的需要去管理团队，你要做决

---

[1] 控制点理论是由康涅狄格大学的教授朱利安·罗特（Julian Rotter）提出的。

定，与员工进行艰难的对话，去说服他人、激励他人，并且还要处理危机、解决问题，管理一个越来越不稳定、不确定、复杂和模糊的世界（VUCA）[1]。在这样的世界中，你必须相信：

- 在面对逆境和意外事件时，你可以达成目标（自我效能感）；
- 你是事件的控制者，在一个层级森严的组织中你不仅是一个上传下达的无名小卒。

自我效能感和控制点的力量在苹果公司传奇的联合创始人史蒂夫·乔布斯（Steve Jobs）身上得到了极致的体现。他具备一种著名的"现实扭曲力场"（Reality Distortion Field）能力：他能将自身的魅力、才华和威严融为一体，让人们屈从于他的意志。

安迪·麦肯齐（Andy Mackenzie）回忆起自己1981年开始在苹果公司工作时的情景。当时他负责在10个月后为新的Mac电脑发货，但那时甚至还没有人开始工作。安迪转而向他的上司巴德·特里布尔（Bud Tribble）求助，告诉他这个计划不仅不切实际，而且很疯狂。巴德接着向安迪描述了乔布斯的现实扭曲力场，乔布斯的字典里根本没有"计划"或"不可能"这样的词。不知为何，Mac按时发货了。

---

[1] VUCA 理论最初由沃伦·本尼思（Warren Bennis）和伯特·纳尼思（Burt Nanis）于 1985 年在《领导者：接管的策略》（*Leaders: Strategies for Taking Charge*）一书中提出。该理论被美国陆军战争学院采纳。

史蒂夫·乔布斯的现实扭曲力场并不仅仅在内部团队中发挥作用。他的 Mac 世界大会变成了一场狂热的活动，苹果产品的支持者会来听他宣称苹果的最新产品有多伟大。他缔造了用户对品牌的热情和忠诚，这是其他软件或硬件集团无法比拟的。

事实上，许多领导人和企业家都具备现实扭曲力场能力，不管这种能力是好是坏。他们都以自己的方式相信，他们可以让世界屈从于自己的意志。

如果说现实扭曲力场是控制点的一种极端形式，那么对于我们这些普通人来说，还有一个更柔和的版本。这个版本被总结在一本书里——《把握你的命运，否则其他人就会这么做》（*Control Your Destiny or Someone Else Will*）。这本书主要介绍了在通用电气任职多年的杰克·韦尔奇（Jack Welch）如何经营他的公司。这本书的真正价值在于书名本身。一旦你读了标题，你就掌握了一条重要的信息，其他的都是细节。

你面临的挑战在于控制的本质正在改变。在过去，控制意味着权力和权威。你在组织内部的阶梯上爬得越高，你拥有的权力和控制权就越多。这种观点在今天并不完全正确。始终不变的是，在一家公司内部，高层管理者的权力仍然比底层员工的权力大。但是无论你在哪里，你都不能仅仅依靠正式授权的权威来工作。如果你想有所成就，那就必须提升自己的感染力和说服力，打造正确的人际支持网，创建值得信任的同盟，制定共同的议程，解决冲突，在危机和不确定的时刻挺身而出。

如果你想有所成就，那就必须提升自己的感染力和说服力。

控制点与你的地位和权力无关，而是关乎你如何思考和行动。在不同的时期，其意义并不相同。

- 当你顺风顺水时，它确保你获得了执行正确任务的机会、学习机会、奖励机会和晋升机会。
- 当你身处艰难时期时，你需要应对危机、挫折和冲突，这意味着你要前进，而不是退缩。
- 在正常情况下，你要表现出你对自己负责的简报、项目和预算了如指掌，避免发生意外，控制你的话语表述，并做好议程设置。

当你失去了控制权时，生活和工作就会变得非常令人不舒服。你发现自己得到了比想要的更多的帮助，别人开始设置起你的议程，这意味着你的努力不会得到最好的结果。控制意味着高度主动。换句话说，我们要促成某件事，而不是等待事情发生在你身上。

自我效能感、控制点和生活预期

自我效能感和控制点会影响人的寿命，该结论在提出这一观点的两位教授身上得到了很好的证明。我在创作这本书时，92 岁的阿尔伯特·班杜拉仍然很强壮。朱利安·罗特在其 98 岁那一年去世了。他们以亲身经历证明他们的理论是可行的。此外，还有大量的研究支持他们的观点。

如果你希望像两位教授一样获得长寿、高质量的生活，那么合理饮食、锻炼身体、避免过量饮酒，甚至坚持使用牙线都是有意义的。这些都是有价值的生活习惯，但它们可能很枯燥乏味，打破这些生活习惯比遵守它们更容易。这不仅从个人角度来说很重要，而且从公共卫生角度来看也很重要。如果能够减轻过度紧张的国家卫生系统的负担，那么任何措施都可能是一件好事。

如何确保每个人都使用牙线、坚持锻炼和健康饮食？这正是柏林面临的挑战。该城市开发了 BRAHMS 项目，这是柏林风险评估和健康动机研究的简称。BRAHMS 项目招募了 2549 人，其目的是找到那些促使人们坚持健康行为的原因。

该项目发现，自我效能感是让人维持积极行为的最佳预测指标。

- 坚持营养计划（$r = 0.34$）。
- 坚持锻炼计划（$r = 0.39$）
- 减少饮酒（$r = -0.28$）。
- 使用牙线的频率（$r = 0.44$）。

这些结果在不同的国家得到了一致的验证，其他重要但难以维持的健康行为还包括持续用药、进行安全性行为和避免使用毒品。

这意味着某些饮食书籍可能给你指引了错误的方向。它们都试图介绍一些神奇的食物组合，让我们快速且轻松地减肥。但真正的魔力并不在于每一本书，而在于你如何思考。如果你的想法是正确的，那么任何合理的饮食习惯都能发挥作用；如果你的想法是错误的，那么再多的减肥书籍也拯救不了你的腰围。

> 如果你的想法是正确的，那么任何合理的饮食习惯都能发挥作用。

控制点可能会以何种方式救你一命

在养老院的其中一层楼里的老人享受到了最大程度的护理，工作人员做了一切可以为他们做的事。老人们不需要自己做任何决定，也不需要担心任何事情。这有什么不好的呢？

养老院另一层楼的老人得到了不同的待遇。他们可以自由安排家具，来去自由。他们可以选择照顾盆栽植物，并被鼓励尽可能多地自己照顾自己。

你更喜欢哪一种生活呢？是接受无微不至的照顾，还是尽量享受自由并承担起照顾自己的责任？如果你选择了自由和责任，那么你活下来的可能性就多了一倍。这就是控制力的强大之处。高关怀组的老人在不知不觉中习得了无助和依赖——他们做得越少，能力就越弱，直到他们什么都做不了为止。低关怀组的老人在身体和精神上都保持相对活跃。这一发现是如此有力、如此一致，以至于养老院的标准做法现在正在改变，他们鼓励老人们尽可能多地自己照顾自己。

控制点对你的情绪健康也有惊人的影响。在一天里，你很容易感受到一系列积极的和消极的情绪，这取决于发生了什么事，以及你在和谁打交道。而当这种情况发生时，你实际上是在让外部事件和其他人支配你的情绪。你成了这个世界的受害者，而这个世界对让你幸福这件事没有太大的兴趣。正如你在第三章所看到的，你总是可以运用情绪的力量选择你想要的感觉。换句话说，你的情绪状态是你的选择，不是别人的选择。理解这一点并采取行动，这便是一种非常强大的控制点。总而言之，你不必让别人控制你的感情。

如果你仅仅希望依靠更努力、更自律或表现出一定的意志力或动机来获得控制点和自我效能感，那其实一点用都没有。你不能对人们大喊大叫，告诉他们必须更努力地坚持健康的饮食习惯。你需要掌握培养自我效能感和控制点的方式，这样你将更容易践行积极的行为。

一旦你建立了自我效能感，你的行为方式就会发生重大的改变。行为模式只是思维模式的外在表现。如果你修正了思想，你就修正了行为，一切皆源自内心。高自我效能感的行为表现为：

- 你会接受更有挑战性的任务（你会开始节食，而不是一再推迟）；

- 你会付出更多的努力来实现目标；
- 你会更长久地坚持完成任务；
- 你会收获更多。

这些极具韧性思维的行为非常值得我们从专业角度和个人生活两方面去学习。正如所有的思维习惯一样，这些习惯都是可以习得的。本章的其余部分将为你提供四个实践练习，以帮助你建立自我效能感和控制点。

培养自我效能感和控制点的四个练习

培养有益的思维习惯的第一步是要知道你可以选择自己的思考方式和行为习惯。例如，涉及控制点时，你可以选择像哈姆雷特那样做。

上帝已经决定了我们的宿命，
我们只能粗略地改造一下。

哈姆雷特实际上是在说，他是命运的牺牲品。或者，你可以选择反抗命运，追随纳尔逊·曼德拉（Nelson Mandela）最喜欢的诗歌《成事在人》（*Invictus*）中的诗句，这首诗支撑着他度过了在罗本岛（Robben Island）的多年监禁生活。

我是我命运的主人，

我是我灵魂的船长。

这两首诗反映了一个争论：我们的命运是注定的，还是我们有决定命运的自由意志？在工作中，控制局面是明智的选择。但这说起来容易，做起来难。以下四个练习可以帮助你做出正确的选择：

（1）努力变得精通；

（2）应对挫折；

（3）向外拓展人际关系；

（4）建立影响力。

1. 努力变得精通

想象一下，你决定开始学习钢琴。第一天，你的老师给你布置的任务是演奏拉赫玛尼诺夫（Rachmaninoff）的《第三钢琴协奏曲》（*Piano Concerto No.3*），而这是专业人士公认的最难的钢琴曲之一。再多的动机和灵感都无法帮你完成这次演奏。你很可能会放弃，转而去找另一位老师。你的下一位老师首先向你展示指法，让你演奏一个简单的音阶：C 大调。但问题是她从来不帮助你进步，30 节课之后，你仍然在弹奏 C 大调。你应该放弃你的第二位钢琴老师，认真考虑去弹更高难度的曲子。长期来看，你想要的是精通；短期来看，你需要的是进步。

卓越的表现和韧性思维齐头并进。我们发现，如果自己擅长某件事，就更容易保持努力。例如，那些顶级指挥家在大多数人应该退休的年龄依然有着卓越的表现。指挥家通常被称为"大师"，这是因为他们往往是各自艺术领域的专家和老师。

卓越的表现和韧性思维齐头并进。

告诉某人韧性思维来自其对某件事的精通，无异于告诉他财富来自拥有大量金钱，话虽正确，但无意义。它不会对你产生帮助，原因有两个。

第一，它带来了一个问题：你如何做到精通某事？如果你不能精通某事，这是否意味着你缺乏韧性思维？如果你缺乏韧性思维，那你还能做到精通某事吗？

第二个问题，也是更深层次的问题，精通某事本身就会导致脆弱，虽然你会表现出强大的韧性思维，但你的韧性思维将被局限在你所精通的那个领域。

Teach First[1]公司在成立早期就发现了精通带来的问题。我们成功地招募了一批优秀的毕业生组成了我们的教师队伍。这些教师不仅聪明，而且在课堂之外也表现卓越。他们似乎可以在任何事情上取得成功。他们似乎就是在一些最艰苦的中学里接受教学挑战的合适人选。在第一届招募者的任期即将结束时，接踵而至的危机

---

[1] 我参与经营的一家企业。

对我们的计划造成了冲击。一个又一个的毕业生报告说他们非常挣扎，处在放弃的边缘。如此成功的人怎么会这么轻易放弃呢？

他们的问题恰恰在于他们的成功。他们从来没有失败过，因此不知道如何应对失败，也不知道如何处理真正的挫折。在他们努力教学和控制教室秩序的过程中，他们有生以来第一次体验到了无法掌控的感觉。他们不再认为自己是成功人士，而是认为自己是彻底的失败者。

Teach First 的教师面临的问题是他们被要求做的教学工作，相当于让他们一开始就去演奏拉赫玛尼诺夫的《第三钢琴协奏曲》。因为在正式上岗前，他们只接受了六周的准备训练。这是残酷的，他们被安排去斗争，但他们没有做好应对困难的准备。

精通本身会导致脆弱，原因是：虽然你成功了，但你无法应对逆境。事实上，精通某件事的旅程与目的地同样重要。精通是件好事，但真正重要的是你如何才能做到精通。

对某事的精通之旅最好是一小步一小步地来。从说一门外语到学习弹钢琴或教书，我们在初次尝试某件事时总是无力的。看看婴儿第一次尝试走路是多么困难，这是一个令人印象深刻的教训，我们在初次做某件事时总是会面临这样的困难。

我将在第九章深入介绍精通之旅。在第九章，你将看到皇家海军陆战队是如何做到在隆冬时节，背着 60 千克的背包，在 8 小时内行走 50 千米穿越荒原的。这是一项超人般的任务，但这一切都始于 18 个月前的一项简单练习：在 22 分钟内不负重慢跑 3 千米。练习 15 总结了成功学习某个技能的关键所在。

练习 15　变得精通

虽然精通某事是一个漫长的过程，但是所有的精通之旅都基于三个原则。

（1）增量收益：从小的步骤开始，并坚持小步前进。你要做的是，坚持走出你的舒适区，但要避免巨大的冒险，冒险可能会让你获得成功，但更有可能招致灾难。

（2）聪明的收获：有方向、有目的的学习才能战胜蛮干。请一位教练、专家、培训师或导师来指导你学习，确保你的练习是刻意且有效的，不要想着完全依靠自己。

（3）稳定的收获：练习和坚持是有回报的。你必须不断重复练习并巩固你的学习成果，但是一定要遵循上述两条原则，否则坚持并不会带来进步。你需要掌握 10 年的经验，而不是 1 年的经验重复 10 次。

现在看看你的职业生涯是如何发展的。你所从事的项目和工作是否符合上述三个让你精通某事的原则？如果答案是肯定的，那么你的事业可能正在蒸蒸日上；如果没有，那么你的事业就有可能会停滞不前。

韧性思维画像：自我效能感

罗德里克·雅普（Roderic Yapp）是一名皇家海军陆战队队员。MV Montecristo 号在印度洋被劫持，海盗试图通过放火将船员从房间里赶出来。罗德里克的任务是登船、解救船员和抓住海盗。现在不是怀疑自己能否完成任务的时候。罗德里克对自己没有任何怀疑，他的队友也没有。海盗们很快开始质疑自己并投降了，他们宁愿生而不愿死。

罗德里克此时此刻的自我效能感并非凭空而来。它建立在15个月[1]的初级军官训练的基础上，他们要参加突击课程、携带 60 千克的背包野蛮行军、在冰冷的水中参加翻船训练，他们还要在冰冻的山丘或湿热的丛林中进行长时间的剥夺睡眠训练。军官们做着和其他士兵一样的工作，但军官们的速度更快。他们显然靠自己的努力赢得了领导他人的权力。这种训练不仅旨在培养队员的韧性，还会帮他们打造一个技能工具箱，帮助他们在压力和陌生的环境中做出正确的决定。

罗德里克很清楚成功是团队努力的结果。团队合作是皇家海军陆战队训练的一部分，很多训练只有在整个团队的共同努力下才能完成。罗德里克强调："你建立了牢固的关系：压力把人们联系在一起。它非常有凝聚力，非常直接，没有废话，因为你负担不起。"他还说道："在逆境中保持幽默是皇家海军陆战队的核心价值观，它将整个团队紧密联系在一起，但笑声是非常严肃的。"接着他列举了一些皇家海军陆战队里关于幽默的例子。

为了熬过 15 个月的训练，罗德里克学会了有效管理自己的精力，他

---

[1] 我把皇家海军陆战队的训练分为两个阶段，加入皇家海军陆战队通常需要先完成 4 个月的健身课程，然后完成 15 个月的正式训练课程。

把训练的每个阶段都简化为短期目标，并将自己的长期目标形象化："我可以想象自己在阅兵场上（毕业时）与其他突击队队员一起被闪光灯包围的场景。没有回头路了，如果失败了，我不知道我会怎么做。"

2. 应对挫折

精通某事是一段漫长的旅程，途中总会有挫折。你有必要知道如何应对这些挫折。

我们都会经历这样的时刻：世界似乎与我们作对，灾难接踵而至。粗略地看待灾难只会让事情变得更糟，因为你只看到了事情有多糟糕，而且很难看到任何逃脱的机会。人们很容易开始反思事情有多糟糕，命运和世界有多不公平。从那时起，人们很容易开始对未来产生灾难性的看法，这让未来看上去非常暗淡。在这些时刻，你需要用一种不同的方式来看待这个世界。与其只看灾难的表面，不如像看电影一样细细复盘事情的经过。

在 Teach First 发展早期，许多雄心勃勃的毕业生会面临一个关键时刻，他们周围的世界似乎要崩溃了。艾玛是 Teach First 的一名教师，她毕业于牛津大学，在伦敦北部教授自然科学。在仅仅接受了 6 周的培训后，她就被派往一所极具挑战性的学校，该校的学生来自英国各地，他们的母语有 60 多种，在很多地区，第一代移民把英语作为第二语言，这些地区在贫困、单亲、贫困住房、吸毒和犯罪等贫困指标上得分很高。

与其只看灾难的表面，不如像看电影一样细细复盘事情的经过。

不可避免地，她任教的第一个学期就面临着挑战，因为她正在学习教学的基础知识，然后她的噩梦开始了。有一天，校长决定开展一次课堂观察，他选择了学生行为最差的班级来观察。开始上课时，有三个孩子决定爬出窗户以示公然挑衅。下课后，在其他孩子都走了之后，她做了一件任何理性之人都会做的事情：她坐下来哭了。她感觉自己已经无路可走了。她刚刚在校长面前被几个 15 岁的孩子羞辱了一顿，她没有回头路了，她不能教书，甚至不能控制自己的学生。她对自己的未来感到迷茫，这是她人生中遇到的第一次失败。至少，她是这么看的。

然而，校长可不这么看。校长没有在意那些不堪的简单画面。他看到的是令人鼓舞的电影情节。当一件事看起来前景黯淡时，这是一个能鼓舞士气的看待事件的方法。简单的快照画面显示，十几岁的孩子爬出窗户，教室里一片混乱；而详细的画面则展示了一个年轻的毕业生在很短的时间内取得了显著进步，但偶尔也会遇到危机和灾难。这是任何一部电影都有的情节：男主角或女主角在取得成功的大结局之前总会面临危机。

校长把艾玛带回了办公室，艾玛以为自己会被解雇。但是，校长却开始泡茶。这是领导的秘密武器：泡茶（或咖啡）是一种让局势平静下来、让艰难的谈话变得容易的好方法。校长让艾玛看到了详细的电影画面，而不是简单的画面，并且让艾玛回忆自己成功的经验。校长没有把注意力放在孩子们爬出窗外这一问题上。相反，他问艾玛，她是如何设法让一些孩子参与进来的，这些孩子在学校里没有和其他老师一起互动过。

通过细细复盘而不只是看简单的画面，艾玛改变了对自己的看法。她意识到自己不是一个彻底的失败者。她是一个年轻的毕业生，在极具挑战性的环境中迅速地取得了进步，当然，偶尔也会不可避免地遇到一些挫折。细细去看那些自己正在进步的画面，而不是表面的灾难画面，艾玛看出自己具备灵活、准确和自我提升的思维。接着，这种认知为他们之间展开积极和富有成效的讨论铺平了道路，他们探讨了如何更好地控制学生的课堂行为。对艾玛和校长来说，这本来是一场非常艰难的谈话，结果却变成一场富有建设性的讨论。

每个人都会经历像艾玛那样的时刻。如果你正在灾难化自己的未来，并且对自己的现在和过去充满悔恨，那么你正在经历"艾玛时刻"——你的人生快照看起来会很难看。这时你应该细细复盘这件事，要专注于已经取得的和将要取得的进步。

练习 16　应对挫折

精通某件事的道路很少是畅通无阻的。如何应对挫折至关重要，它可能是决定你成功还是失败的关键因素。当你在路上遇到曲折时，它会帮助你做出积极的反应。如果你想做出恰当的反应，可以做以下三件事。

（1）细细复盘，而不是浅尝辄止；关注进步，而不是挫折。

（2）关注你已经做得很好的事，告诉自己你可以成功。

（3）关注你已经学到的东西，把挫折作为力量和学习的源泉。

针对你过去遇到的一些挫折做出恰当的反应，你很有可能会发现，即便是挫折也是有帮助的。当你在未来再次遭遇挫折时，如果你能及时地使用这个方法，那么这个练习的效果会更好。

3. 向外拓展人际关系

向外拓展人际关系是贯穿本书的主题，理由很充分：你无法独自获得成功，因为我们都是群居动物。从专业和个人的角度去接触外界很重要。向外拓展人际关系可以在三个方面帮助我们建立起自我效能感：

（1）专业支持；

（2）团队支持；

（3）榜样的力量。

你无法独自获得成功。

第一，只有在专业人士的支持下，你才能通过精通某事而获得自我效能感。如果你想精通某些技能，从参加奥运会跳水项目到在市中心的一所学校教书，再到成为一名会计，你都需要掌握工匠般的精细技能。为此，你需要专业的指导和帮助。如果你要学弹钢琴，你首先要做的事情之一就是学会如何让双手在琴键上摆出正确的姿势。这些不是凭直觉就能获得的技能，即使你在网上查找答案，你能搜索到的也只是你应该怎么做。

你需要一位专业人士，他能看到你在做什么，能看到你和最好的选手之间的差别。即使是最优秀的网球运动员也有教练，因为教练可以比运动员更好地了解什么是有效的、什么是无效的，客观的观点让一切变得不同。

专业人士的支持同样有助于你学习。我们已经看到了皇家海军陆战队的队员如何在十几个月内从平凡之人发展为掌握了超人般技能的战士。他们经历了一段精心设计的学习之旅，在这个过程中，技能、耐力和力量的提升都是由无穷无尽的小步骤构成的。他们的学习安排得很紧密，休息日与其他日子无异。这一学习之旅已经在数千名新兵身上磨砺了几十年，训练官清楚地知道如何促使新兵们取得进步。一个外行人不可能为自己重新创造一次那样的学习之旅。

第二，个人的成功取决于团队的成功。皇家海军陆战队还在训练体系中加入了团队支持[1]，许多练习被设计成只能由集体完成。他们有一个明确的团队体系，团队意味着互相照顾，互相检查，以

---

[1] 大多数关于皇家海军陆战队的评论来自我对他们的直接调查。

确保他们的装备处于良好的状态。即使是在餐厅，团队体系也是显而易见的。如果你想喝杯茶，一定要问其他人是否想喝，然后为他们泡茶。如果做不到这一点，你就会被认为是一个自私的人。

与其他武装部队不同的是，在团结的驱动下，军官和士兵需要在同一个地方接受同样的训练。唯一的区别是，军官们必须以更快的速度完成大部分任务。普通士兵必须在 8 小时内完成 50 千米的负重徒步荒野穿越训练，而军官们必须在 7 小时内完成。看看有多少高级经理能完成与一线员工同样的任务，而且做得更快更好？

你需要人际网络的支持。这些人是你可以依靠的对象，他们会鼓励你，与你分享笑话；他们会倾听你的成功和失败，给你提供任何人都需要的情感支持。这些人不太可能给你提供专业支持，除非你有一位兼具专业技能支持和个人支持的教练。

第三，对外拓展的形式还包括寻找可供学习的榜样。如果我们看到别人在做某事，那么我们自己也去做的可能性就更大。关键是找到一个能接近的榜样。当你看到一个顶级运动员或音乐家的巅峰状态时，你会备受鼓舞，但也会感到畏惧，因为他们和普通人能做的事情之间的差距实在太大了。能接近的榜样可能是你的同伴，他们可能比你领先一点点，他们获得的成就是你可以实现的实际目标。这是军官们与普通士兵一起训练的原因之一：军官们是其他军人很容易接近的榜样，因为他们接受着完全相同的训练，且必须承受更多的痛苦。

找一个容易接近的榜样。

4. 建立影响力

在工作中获得自我效能感和控制点是有难度的，因为控制权不在你的手中。当那个你可以发号施令的可控世界消失时，你如何维持自己的控制点？你很可能没有获得成功所需的全部资源，关于人员安排和优先事项的全部决定权并不在你手中，你必须引导和说服别人去做事情。仅仅通过管理内心的想法来提升自我效能感是不够的，你还必须找到一种管理周围环境的方法。

在我们所生活的环境中，你不能控制你想控制的一切。你面对的是三类活动，针对每类活动，你采取的应对方式都不一样。

（1）你能控制的事情：充分利用这些事情。

（2）你无法控制但可以影响的事情：学习影响的艺术。

（3）你无法控制或影响的事情：永远要有备选计划。

影响的艺术是 21 世纪管理人员应该具备的典型技能。它本身就值得写成一本书，我已经为此写了一整本书。请注意，说服不同于影响。如果我说服你买了一辆很快就坏了的车，那么我是有说服力的，但没有影响力。下次再见到我时，你就不会想听我再向你推销任何东西了。说服是一次性交易，而影响力则要求你建立一种关系，你需要打造你的人际关系网，让你成为同事和客户都信任的合作伙伴。这是一种基于工作的向外拓展。

说服是一次性交易，而影响力则要求你建立一种关系。

练习17　建立影响力

下文列出了 10 件事，它们可以帮助你在工作中成为有影响力的人。做好这一切，你就会保持住自己的控制点和自我效能感。你不会成为世界的受害者，因为即使你不具备现实扭曲力场的能力，你也可以影响这个世界。

（1）建立信任。永远要遵守承诺，并且与同事找到共同点，如共同的兴趣、需求和优先事项，让同事更容易与你相处，同时要消除他们与你共事的风险和障碍。

（2）打造忠诚的追随者。表现出你真正对团队的每个成员及其事业感兴趣，愿意了解他们的需求，会设法满足他们的期望，与他们展开积极的对话，以此来建立信任，并且始终履行你对他们的承诺。

（3）关注结果。你需要为了明确的目标而工作，这个目标在组织内具备存在感和影响力。

（4）控制。你需要为你的部门制订清晰的计划，知道自己的工作会带来何种不一样的结果，组建正确的团队，为你的计划争取到合适的预算和支持。不要认为你接手的计划、团队和预算神圣不可侵犯。

（5）有选择地战斗。请记住，只有在值得为之战斗的时候才去战斗，只有在你知道自己会赢的时候才去战斗，只有在没有其他方法可以实现目标的时候才去战斗。赢得朋友胜过赢得争论。

（6）管理决策。理解什么是理性的决策（成本、风险和收益的最佳平衡），处理政治问题（领导者和利益相关方的期望），理解什么是感性的决策（我对什么最有信心、我的团队正在致力于做好什么事）。

（7）扮演好自己的角色。你要像公司里其他有影响力的人一样行事，要积极、自信、果断，要看上去像个资深员工，而不要像他们的手下。

（8）有选择地不讲道理。通过打破常规、走出舒适区来做出改变，这可以让你不断学习，进而产生影响力。

（9）拥抱不确定性。危机和不确定性是掌控局面、填补他人造成的不确定性和疑问的绝佳机会。模棱两可让领导者得以蓬勃发展。

（10）用进废退。掌控你的命运，否则别人就会来控制你。只有经常使用你的影响力，你才能保持住自己的影响力。

总结

自信是以下因素的组合。

- 自我效能感。相信自己能够在逆境中实现目标。
- 控制点。相信你可以控制自己的命运，相信自己不是命运的受害者。

在如今的职场中，这些都是至关重要的信念，管理者的任务不再只是传达命令和信息。你必须在一个动荡、不确定、复杂和模糊的世界里把事情做成。对你的健康和幸福而言，它们也是至关重要的信念，这意味着你更有可能坚持健康饮食和按时服药，并对自己的健康负责。在工作中，这些信念意味着你更有可能为自己设定有挑战性的目标，并坚持实现它们。

在某种程度上，每个人都有这些信念。你可以通过 4 种方式来强化它们。

（1）努力变得精通。当你有能力时，坚持努力是比较容易的，而没有能力时则很难。以下方式可以让你精通某事。

- 增量收益。不断地向外拓展自己，但不要用力过猛、伤筋动骨。
- 聪明的收获。有针对性的练习是至关重要的，你需要得到训练、帮助和专业的指导。
- 稳定的收获。坚持和实践是有回报的。

（2）应对挫折。当你遇到挫折时，不要只盯着挫折，而是要专注于你已经取得的进步，强化你能成功的信念。

（3）向外拓展人际关系。你需要以下三种类型的向外拓展方式。

- 得到专业的支持，让专业人士直接指导你进行训练。
- 得到团队的支持，让团队成员在精神上鼓励你。
- 寻找容易接近的榜样，他会告诉你成功是有可能的。

（4）建立影响力。你不可能独自在工作中获得成功。你要在各个层面建立起你所信任的支持网络，建立起自己的联盟，找到与他人共同的话题，知道何时需要战斗以及如何战斗。

第五章

向外拓展：连接和支持性人际关系的力量

向外拓展并寻找到健康的支持性人际关系对你有以下益处：

- 分散你的工作量，减轻你的工作负担；
- 让你更容易实现目标；
- 帮助你度过专业领域和个人生活领域中的困难时期。

本章的第一部分将说明为什么这些福利是生活的必需品，而不是奢侈品；第二部分将提供一些简单的工具来帮助你向外拓展人际关系，具体包括：

- 建立信任；
- 积极倾听；
- 给出欣赏式的建设性回应；
- 感恩；
- 进行有效社交。

为何向外拓展很重要

每一天，每一周，年复一年，你富有成效的工作时间有多久？

这一点很重要，因为具备韧性思维的工作者通常能够长时间保持生产力。

美国劳工统计局调查了办公室职员的平均工作时间，调查发现，他们每天的工作时间只有 2 小时 53 分。这个数字仅仅比他们在互联网上闲逛的时长（2 小时 29 分）多一点点。

这样的调查结果并不少见。哈里斯民意调查发现，在大公司里，员工只有 45% 的时间专注于自己的主要任务。对于在办公室工作的人来说，这个结果不足为奇。精益生产已经改变了工厂里的生产线，但是精益技术和全面质量管理（TQM）[1] 还没有普及到办公室，工作的模糊性使效率低下的情况激增。如果工作因过于含糊不清或变化无常而导致难以被衡量，那么我们就很难对工作进行有效管理。

这是个好消息：你不必为了比同事更有效率而在每天中的每小时都努力工作。

那么，你每天的有效工作时间是多少个小时呢？

答案当然是需要多少就做多少，你每天可以工作多少小时是由你说了算的。如果你被工作时间所限制，那么你将很难在工作时长超过 6 小时之后仍然保持真正的高效率。但是，作为一位领导者和经理，你的工作并不是全部由自己来完成的。你的主要任务是建立

---

[1]　全面质量管理是有效生产的主要手段。

起一支团队来完成工作。这意味着为了实现目标，你可以根据实际需要来决定你投入的工作时长。

说到这一点，管理者通常会表示反对。如果预算有限，这就会限制管理者可以依赖的资源数量。

两杯茶改变了 7.5 亿人的生活

我和莎拉丝·吉万（Sharath Jeevan）坐在桌旁喝茶，并讨论着我们面临的挑战。联合国估计，有 7.5 亿上学的儿童没有在学习。莎拉丝指出了问题的核心：许多教师失去了教学的内在动力。如果能帮助这些教师重新发现内在动机，我们就能改变 7.5 亿儿童的教育和生活。当你的总资源只够几个人喝茶的时候，你会怎么做呢？

答案是创建 STIR 教育机构。我们筹集资金并雇用了一些员工。接着我们开始寻找应对挑战的方法。慢慢地，我们意识到最好的方法是与每个教育系统紧密合作：与部长、官员和教师自上而下地合作。我们不再依靠雇用 1 万名员工，而是选择与各个教育系统合作，利用它们的资源来执行我们的项目。

我们每天的有效工作时长高达数千个小时，但并不是靠自己更努力地去工作。我们筹集资金，并聘请了一个伟大的团队，在他们的帮助下我们能够直接去控制资源。我们与各国政府合作实施该计划，使我们能够间接地控制更多资源。

STIR 现在为 1000 万名儿童提供服务，我们看到了非常积极的成效。

作为领导者，如果你有一个好主意，那你需要寻求支持力量来实践它。为实现目标，你可以直接寻求资金和预算资源，也可以通过与供应商、客户和合作伙伴展开合作来获得间接的资源。

在电影中，孤独的英雄总是可以拯救世界；而在现实中，孤独的英雄则常常工作过度、压力过大、表现不佳。领导者不再是改变历史进程的伟大英雄。作为领导者，你的主要工作之一就是找到并建立正确的团队。

孤独的英雄常常工作过度、压力过大、表现不佳。

向外拓展使你更容易实现目标

在过去，向外拓展人际关系意味着，领导者不得不告诉员工该做什么。在命令和控制的时代，权力和资历是齐头并进的。换句话说，你的职位越高，你就能掌握越多的资源。但是现在命令和控制正在慢慢消失。在过去，管理是通过管理者控制的人来实现的；现在，管理者通过无法控制的对象或自身不想被控制的群体来实现目标。这是一场改变一切的革命。

如果你无法告诉对方去做什么，那你就必须去学习一系列的新技能来提升团队领导力。你需要去学习如何影响、说服、激励别人，同时构建同盟者以及信任网络，你还要学习推进议程、影响他人的决策以及在不树敌的情况下战斗。

这种管理变革提高了绩效标准，并很快让最优秀的管理者脱颖而出。

管理革命由以下三种趋势所驱动，且这种趋势将持续下去：

（1）专业化；

（2）精细化；

（3）全球化。

（1）专业化

1940 年，美国人口普查局（US Census Bureau）发现，25 岁以上的美国人中只有 4.6% 拥有学士学位。目前这一比例已升至 33.4%，并将继续上升。这是世界各地都存在的一种趋势。好消息是，专业人士可以做得更多，但他们的要求也更多。如果你管理着专业人士，他们可能是不喜欢被管理的人，并且他们认为自己可以比你做得更好。经理们已经失去了在"一个公司一座城"时代所拥有的控制力。如果专业人士发现了更好的前景或更好的管理者，他们可以跳槽。命令和控制作为一种在过去很有效的管理方式正在失效。相反，管理者必须学会影响、说服和激励他们的团队。

（2）精细化

1928 年，亨利·福特（Henry Ford）购买了 14 000 平方千米的巴西雨林，建立了福特之城（Fordlandia）。他的目标很简单：

他需要为自己的汽车获得可靠的橡胶供应源。直到 20 世纪后期，许多公司都建起了类似于中世纪城墙一样的东西，所有支撑它们的东西都在城墙之内。但这是非常低效的。

博姿（Boots）是历史悠久的英国药妆品牌，当它在生产自己的纸张时，发现成本是从外部购买纸张的两倍。随着供应链变得越来越分散化和精细化，老公司的壁垒已经被打破，企业在价格和质量上取胜。当今的领导者无法控制成功所需的资源，他们必须影响和说服公司外部的供应商、客户和合作伙伴来帮助其实现目标。

（3）全球化

跨境业务正在强劲地发展，供应链的复杂性也在增加。如今的跨界贸易量相当于全球 GDP 的 55%，比 1960 年的 25% 有所上升。全球化意味着当你睡觉时，你需要依赖他人为你做出正确的决定，你看不到他们，他们在不同的语言和文化背景下工作。这是一个命令和控制无法奏效的世界。在世界范围内寻求支持是一种高超的影响力和说服力技巧。

全球化意味着当你睡觉时，你需要依赖他人为你做出正确的决定。

精细化、专业化和全球化意味着你无法再依赖于命令和控制。你需要有效地向外拓展，与公司内外的同事及合作伙伴沟通。这意味着你要学习影响、说服、建立联盟、管理议程、处理冲突等方面的知识。21 世纪的管理比以往任何时候都更具挑战性。

以专业和个人的方式来应对困境

莎士比亚曾写道："当悲伤来临时，它们并非独自前来，而是成群结队。"有时候，一切似乎都不对劲，而这正是我们最需要帮助的时候。在公司内部，当事情出错时，我们往往会从最高管理层那里得到错误的帮助。随着最高管理层慢慢陷入恐慌，他们开始要求你提供报告、解决方案、最新情况和信息，这些都需要你消耗大量时间，而且会妨碍你处理实际问题。

在顺风顺水时，你会有很多盟友。在困难时期，当你需要盟友时，你会发现他们消失了。失败会让你陷入非常孤独的境地。这不是什么新鲜事。

> 在最困难的时候，是你最需要朋友和盟友帮助的时候。

在最困难的时候，是你最需要朋友和盟友帮助的时候。他们可以帮助你找到解决方案，他们会给你提供道义和情感上的支持，他们可以提供实际的帮助。再引用哈姆雷特著名的"生存还是毁灭"的那段演讲：

> "究竟哪样更高贵，去忍受那狂暴的命运、无情的摧残，还是

挺身去反抗那无边的烦恼，把它扫一个干净。"[1]

哈姆雷特问自己，他是应该接受并忍受厄运，还是与厄运抗争到底并期待死亡。他错过了第三个选择，即向朋友寻求帮助。如果他这么做了，英国文学史就会少一个伟大的悲剧。

人际关系不仅关系到职业生涯，还关系到个人生活。良好的社交网络很重要，这里所说的"良好"包括数量（与外部有很多关系）和质量（从外部得到的是支持而不是欺凌）。研究表明，拥有良好社交网络的人：

- 活得更长久；
- 更健康（智力下降的时间更晚，速度也更慢）；
- 更快乐（生活满意度更高）。

良好的关系不仅是指能够获得他人的支持，还要向他人提供支持。事实证明，对于良好的人际关系来说，给予是一种很好的索取方式，这印证了"善有善报，恶有恶报"和"种瓜得瓜，种豆得豆"这些古老的格言。事实证明，对于良好的人际关系来说，给予是一种很好的索取方式。

强大的团队总是能打败孤胆英雄。

---

[1]《哈姆雷特》，第三幕第一场。

向外拓展是什么，不是什么

"向外拓展"这个词在职场中被应用得很多，这是经理们最喜欢用的一句话，用来暗示他们已经对需要获批的想法或即将实施的计划取得了共识和支持。如果"向外拓展"只是指发了一封请求反馈的电子邮件，那这无论如何都算不上有意义的拓展，这只是一种推动议程的政治手段。

就韧性思维而言，向外拓展意味着两件不同的事。

- 从专业角度来说：建立信任和支持网络，让事情做成。
- 从个人角度来说：有朋友和家人为你提供情感上的支持和生活上的安慰。

专业人际网和个人关系网非常不同。个人关系网与家庭和友谊相关。在工作中，除非你在家族企业工作，否则你的社交网络与朋友或家人无关。马基雅维利曾问领导者们一个关键的问题："是被人爱戴好，还是被人害怕好？"[1] 500 年前，答案很清楚：最好是让人对你感到恐惧。接着，他建议处决一些犯人，以激励大家维护和平、保持忠诚。如今，这不是经理们的选择，尽管有些人很乐意通过解雇员工来维护自己的权力。

---

[1] 马基雅维利，《君主论》，第 17 章。

马基雅维利在一定程度上是对的：受欢迎是一个领导者走向软弱的捷径。如果你追求的是"受欢迎"，那么你就会在目标上妥协，你会避免就他人的表现展开艰难的对话，你会接受事情不能按时完成时他们所找的借口。当你接受了借口时，你就接受了失败。一旦接受了失败，桌子旁边的碗里摆放再多的糖果也救不了你。

马基雅维利只说对了一部分，因为恐惧和声望都不是领导力的真正资本，除非你是一名政治家或独裁者。领导力的真正资本在于信任。这就是你在专业领域中打造支持网络的意义所在：你必须有一个建立在信任和共同利益基础上的支持网络。

> 领导力的真正资本在于信任。

养成向外拓展的习惯

和以往一样，渴望拥有深厚而广泛的专业和个人人际关系很容易，但实现这个愿望却不是那么简单的。接下来，我们将探讨五种实用的技术来帮助你建立和维持有效的社交网络，以在专业领域和个人生活中给予你支持。这些技术包括：

（1）建立信任；

（2）积极倾听；

（3）给出欣赏式的建设性回应；

（4）感恩；

（5）进行有效社交。

1. 建立信任

谁愿意和自己不信任的人一起工作或生活呢？信任是所有良好关系的核心所在。在公司内部，让事情做成取决于信任。如果每次你要求同事做某事时，都要和他商谈并签署一份正式合约，这会让公司陷入僵局。你必须信任同事，相信他们能说到做到。通过这么做，你主动让自己有了弱点：你需要依赖同事来完成工作，正如他们需要依赖你一样。信任以依赖和弱点的形式存在着，它是任何团队存在的标志。如果你能在不依赖他人的情况下完成任务，那么你就不需要团队合作。

信任是关系的黏合剂，它是把公司凝聚在一起的黏合剂，也是把社会凝聚在一起的黏合剂。这种关系是如此根深蒂固，我们甚至没有意识到我们如此依赖信任。

信任是关系的黏合剂。

> **深度信任**
>
> 想知道信任能走多远，就去找一张纸质美元钞票。你可以在上面找到"In God We Trust"（我们信仰上帝）的字样。实际上，使用每张美元钞票都是一场信任演习。我们相信，这张绿色纸片（1 美元面额纸币的颜色）可以换取价值 1 美元的商品和服务。如

果你在另一张普通的绿色的纸上画一个 1 美元的符号，它将一文不值——或者也可能让你赢得一点财富。艺术家博格斯（Boggs）的职业生涯是绘制非现金的纸钞，例如 7 美元的钞票。他通过质疑金钱的价值而赚钱。

现在，人们对金钱已经如此信任了，我们可以在机器前挥动银行卡，然后得到咖啡或食物作为回报。金钱已经成为社会信任的一种巨型练习，如果我们相信金钱有价值，那么它就有价值。社会对金钱失去信任的那一刻，就是社会崩溃之时。

建立信任需要长期的努力，这是一项长时间的练习。你不能到处对别人说"相信我"，除非你想让自己听起来像是一个二手车推销员。在实际生活中，信任由你可以管理的四个变量的函数决定。这些变量在信任方程式中是这样的：

$$t = \frac{a \times c \times s}{r}$$

在信任方程式中，t= 信任，其他变量的意义如下。

- a：结盟。
- c：信誉。
- s：无私。
- r：风险。

让我们看看如何使用这四个变量来建立和管理信任。

（1）结盟（Alignment）

我们都喜欢与志同道合的人打交道。虽然这不利于多样性，但有利于提高效率。如果我们有共同的背景、信仰和思维方式，彼此之间交流起来就会容易很多。共同的经历是共同价值观的一部分。如果我们上过同一所大学、参加过同一次会议、享受过相似的假期，我们就会有共同的兴趣爱好。分享经历至关重要，企业的娱乐部分就是建立在这种需求之上的。在初次见面的时候，花点时间聊聊非业务的事情，这是建立统一价值观的好方法，你可以从中找到你们共同的经历和背景。

这种结盟既是专业领域上的，也是个人生活领域上的。一旦你在个人生活领域找到了盟友，就可以开始寻找专业领域的盟友。专业领域结盟关乎寻找共同的目标和需求，这需要你在所有的谈判中达成双赢结果。

在个人生活领域和专业领域结成同盟

大卫在中东地区经营一家快速发展的消费品公司。他非常沮丧，因为他的商业伙伴似乎想把所有的时间都花在谈论个人生活、家庭生活和其他琐事上。他不明白对方为什么不着手开始做手头的工作，例如就特许经营发展的下一阶段进行沟通。他在当地的合作伙伴则完全搞不懂大卫。他们试图与大卫接触，以了解他的个人情况。塔里克转而跟我说："我们怎么能和一个我们不信任的人做生意呢？我怎么知道我可以相信他呢？"

大卫专注于合同谈判，对合同有信心。对法律和合同的信仰在一些国家是有意义的，而在另一些国家则不然。塔里克和他的合伙人对合同和法律没有信心，他们希望在信任的基础上工作。在他们看来，人际关系是最重要的。

虽然大卫努力在个人生活中与他们成为朋友，但他更擅长的是建立专业领域上的同盟。他想要提高合伙人的特许经营费用，以维持投资并击败竞争对手。特许经营者则对此深表怀疑，他们认为大卫只是想找个借口来压榨他们。最终，大卫成功地向他们表明，增加的投资会让他们赚更多钱，而不去追加投资则会让他们损失金钱，因为市场竞争会愈发白热化。这是一场典型的谈判：把价格提升引发的零和博弈命题转化为通过增加投资而提高利润的双赢命题。

最终，共同的专业目标逻辑发挥了作用。他后来承认，如果个人信任也存在的话，他本可以为自己省去几个月的时间，也可以少去几个月的悲伤。

（2）信誉（Credibility）

友谊建立在个人生活产生交集的基础上，但商业关系则需要信誉加以支撑。我们没理由与言而无信的人共事。我们都认为自己言出必行，所以问题很少出现在我们所做的事情上。真正的问题是，我们通过意图来判断自己，通过行为来判断他人。实际上，我们所说的（意图）和别人所听到的往往存在很大的差距。

我们通过意图来判断自己，通过行为来判断他人。

例如，当面对一个棘手的请求时，我们可能会说："我会尽最大的努力……我会看看能做些什么……我会调查的……有可能是……"我们所说的和别人所听到的截然不同。人们听到的是："我来搞定这件事。"两周后，我们会说："我尽全力了，我调查了这件事，但遗憾的是我搞不定。"

信任一旦失去，就像破碎的花瓶，很难重新组合在一起。谁说了什么？他们真正的意思是什么？双方不可避免地会就此发生争执，这对修复损失毫无帮助。

信誉始于你所说的话。你要说清楚你的承诺是什么。与其在事情发生后就结果展开不现实的讨论，不如在一开始就针对事情的预期展开艰难的对话。

（3）无私（Selflessness）

当人们为自己而活时，我们很容易就能看出来。我们可能不得不与这些人打交道，但我们与他们的交往纯粹是交易。自私的人没有获得他人信任的基础，无私的人往往容易被信任。詹姆斯·凯利是一家全球咨询公司[1]的负责人，他的工作压力很大，工作要求也很高。但他总有时间去倾听团队成员和客户的意见，所以他很快

---

[1] 文中所描述的是 MAC 集团，它先是与联合研究公司，然后与双子座公司进行了灾难性合并。合并扼杀了一家大公司。

就得到了这两个群体的信任。由此可见，给予是得到回报的好方法，当你无偿付出自己的时间或为他人提供支持时，绝大多数人会觉得，他们有义务回报你。但这里有一个陷阱：免费赠送的东西太多，你就会贬低自己的价值。很快，人们就会把你的付出当成理所当然之事，然后压榨你。

工作中的无私不是无限的。如果没有互惠，那么另一方就是自私的。双方都要无私，这符合互惠原则。这就是詹姆斯·凯利的工作方式：每个人都知道自己可以去占用詹姆斯的时间，但他们很快就学会要有效占用他的时间来获得他的信任。如果有人滥用他的时间，这个人就会发现，自己以后很难有更多的时间与詹姆斯共事。

给予是得到回报的好方法。

（4）风险（Risk）

信任不像手动开关。你需要多少信任取决于你所涉及的风险有多大。你可以向陌生人询问最近的邮局怎么走，但把毕生积蓄托付给同一个人是不明智的。风险越大，你就越需要与对方建立信任。在实践中，这意味着你必须逐步地建立起信任。像及时回复邮件或帮别人一个小忙这样简单的事情是建立信任的快速方法。如果你正在处理一个高风险的议题，例如决定要将某个大型项目委托给谁，那么你需要设法为对方降低这个决定的风险。

以下是几种降低风险的简单方法。

- 借取信任。如果你的想法得到了对方信任之人的支持，那就能在很大程度上降低人们对这个想法的风险认知。简单地说，没有人反对 CEO 支持的观点，所以要确保有合适的人支持你。这也是名人代言在大众市场奏效的原因。

- 把你的建议分解成小步骤，首先找到双方小的共识和共同的兴趣。你不必要求对方一次性接纳一切，可以先找出与对方最相关、对其最有帮助的建议，接着专注于那一部分，并逐步与对方达成共识。

- 提供试用期或测试市场。无条件的退款保证向买家发出了一个强有力的信号，即他们不必冒太大的风险，这使得做出错误决定的风险都被消除了。

- 增加其他选项的风险。所有风险都是相对的，当没有人真正喜欢变革时，这种方法是那些试图推销变革计划的首席执行官的最爱。首席执行官们将创造一个"燃烧的平台"，以证明什么都不做最终会导致灾难和失业。突然之间，变革的风险似乎要优于失去工作的风险。

练习 18　建立信任

当你需要建立信任时，记住这个信任方程式：

$$t = \frac{a \times c \times s}{r}$$

这意味着，你要做到以下几点。

- 结成同盟（*a*）。找到双方共同的兴趣和目标。
- 建立信誉（*c*）。一定要说到做到，说话的时候一定要非常小心，确保你们达成了明确的、共同的期望。另外，你还可以从支持你想法的可靠或有权势之人处借取信誉。
- 无私（*s*）。至少要对等地付出时间来帮助和支持对方。
- 降低可感知的风险（*r*）。把风险分解成简单的步骤，消除你想法中存在的任何个人风险或威胁。

2. 积极倾听

所有伟大的领导者和销售人员都有一个共同点：他们都有两只耳朵和一张嘴，他们也是按这个比例来"听"和"说"的。要想成为领导者，你不需要成为伟大的演说家，而是要成为伟大的倾听者。倾听的秘密在于让买家说服自己从你这里买东西，让陌生人说服自己你是其朋友，让恋人躺在床上对你敞开心扉。这是一个简单而美妙的方式，它可以建立起你的影响力和支持网。

让倾听奏效的原因有两个。

（1）帮助你了解对方，知道对方有什么样的希望和恐惧，以及对方是怎么想的。一旦你知道了别人想要什么，就能很容易地找到你们共同的经历，探索你们的相同点。与对方结盟，这是信任的基础之一。

（2）在这个时间紧迫的世界里，积极倾听是一种微妙而有效的迎合方式。研究表明，迎合无论如何都不会产生负面效果。即使是明显不真诚的奉承也会奏效。这是有道理的，因为我们生活在一个大多数人都没有时间或兴趣来关心我们的世界里。因此，你很难不去喜欢一个认为你很棒的人，而此前你一直对自己有所怀疑。倾听是一种恭维，因为这是对某人说："我对你评价很高，所以我愿意花时间来倾听你、你的智慧和你对世界的看法。

练习 19　积极倾听

好的倾听不是等着说话，也不是想出一个聪明的回答。倾听是关于理解的，它是高度活跃的一件事。你可以做以下三件事来努力成为一个好的倾听者。

（1）看着说话的人。当对方集中精力准备阐述下一个观点时，你盯着手机看是很不礼貌的，凝视着窗外的某处也不合适，这表明你对倾听对方的话不感兴趣。当你看着说话的人时，你更有可能理解对方在说什么。

（2）提出聪明的问题。这比提出聪明的观点要好，因为提出聪明的观点会引发争论，问一些聪明的问题则表明你在倾听，并且在努力理解。聪明的问题通常是开放性的问题，无法用"是"或"不是"来回答。它们是一些以"如何""什么""在哪里""何时"或"为什么"开始的问题。如果做不到这一点，你可以试试咖啡厅里的开场白，看看两个人是如何闲聊的，一个人想继续聊下去，另一个人只需说"真的吗……啊哈……不会吧……"就可以了，用最小的提示就足以让对话继续下去。在生意场合，"多说一点"通常是你需要说的全部内容。

（3）改述。这是一种强大的技巧，你可以用自己的话总结出你认为对方说了什么。这表明你一直在听，对方也能快速确认你是否理解了其说的话，并能判断你是否有任何误解。这种技巧还能帮助你明确对方的要点。这种技巧也会阻止说话者重复自己的话，因为他们知道自己的观点已经被倾听者接收到了。

---

3. 给出欣赏式的建设性回应

欣赏式的建设性回应（Appreciative Construction Responding，ACR）[1] 是一种拓展和建立人际网络的有效方式。这种方式表明，无论是阴天还是晴天，你都会出现在同事面前。你对好消息的反应和对坏消息的反应同样重要。简单来说，你应该以积极的和建设性的态度对待同事，而不是被动的和消极的态度。这说起来容易，做起来难。举个例子就能说明问题。

你对好消息的反应和对坏消息的反应同样重要。

想象一下，你刚刚把一份重要的新合同交给了一个重要的客户。你回到办公室后把好消息告诉了你信任的同事。以下是你的同事可能会有的反应。

---

[1] ACR 是积极心理学运动的主要内容，源自宾夕法尼亚大学的研究。

- "你做了什么？我们到底要怎么安排员工？如果客户不能快速找到合适的团队，他们会发疯的。你疯了吗？"这是主动 / 破坏性回应。这是与对方开始争论的好方法。

- "做得很好。现在似乎每个人都在做销售。你听说玛丽亚取得的巨大成功了吗？每个人都很兴奋。"被动 / 破坏性回应。这是降低对方热情的好方法。

- "哦……做得很好。"（一边看推特上的消息一边说。）被动 / 建设性的回应。这彻底让人泄气。

此时你应该放下手机或是正在做的重要报告，花点时间在同事身上，好好利用这次机会来建立起一种在困难时期也会奏效的关系，也就是"在阳光普照的时候修理屋顶"，展示出你对对方真诚的欣赏。如果同事觉得自己很了不起，他会感激你的。

好好利用这次机会来建立起一种在困难时期也会奏效的关系。

练习 20　给出欣赏式的建设性回应

当有人带着好消息来找你时，就开始运用这个练习。这是你快速建立关系的机会。这是一个简单的练习，你做的越少越好。欣赏式的建设性回应包括两个步骤。

（1）关注对方。把你正在做的事情放在一边，专注于对方和其取得的成功。

（2）探索具体的情形。让对方详细地重温这段经历，问问都有谁、发生了什么事、地点在哪里、什么时候发生的。问问对方事情发生时是什么感觉，找出成功做成这件事的原因。你要做的就是问问题，让他们一直说下去。

所有这一切都是迎合对方的表现，因为你对他的成功表现出了浓厚的兴趣，你允许他重温成功时的体验。这是一种不用你直接说出口的迎合方式，仅仅让对方享受这一刻就已经足够了。

欣赏式的建设性回应也是一种默默指导他人的好方法。通过仔细探索哪些事情进展顺利，你可以帮助对方确定其做的哪些事是正确的，以及如何才能保持成功。

图 5-1 对欣赏式的建设性回应进行了总结。

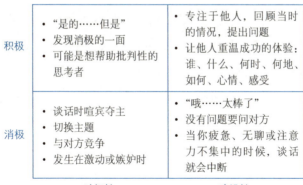

图 5-1　欣赏式的建设性回应

4. 感恩

虽然"谢谢"这两个字简短、简单，但是却远远没有被充分利用起来。这是一个赢得朋友和影响他人的非常简单的方法，所以我们要越来越多地使用它。

我们都渴望得到赞扬和认可，但却很少能得到。你的同事们或多或少会做一些值得认可的事情，那么为什么不去认可他们呢？

约翰·蒂姆森（John Timpson）创建并经营着一家大型修鞋连锁店。这是世界上最不起眼的行业之一。大多数修鞋店只不过是开在地铁站里的不起眼的小摊位，员工的工资通常很低。但是他们的服务态度很好，生意也很兴隆。当然，成功的商业模式由许多要素组成，但蒂姆森的秘密武器之一就是赞美。通常情况下，管理者进行现场视察的结果是：发现问题，提出问题，并要求改进。蒂姆森采取了不同的方法。他在汽车后座上放着大量的小奖品。他明确指出表扬员工的次数是批评次数的 10 倍。一旦管理者有了这种心态，他们就会找到一种帮助而非批评他人的方式。

通过给予小小的物质奖励和大大的口头认可，员工就有动力在不完美的条件下工作。你总能找到对方值得称赞的优点，即使工作地点是在不起眼的小摊位上。

你总能找到对方值得称赞的优点。

我当时正在培训一位首席执行官，名叫阿曼达。她通过一份员工调查了解到，她的高层团队成员存在不满情绪。我问她上次感谢团队成员的贡献是什么时候。她看着我，就好像我一定是疯了。最后，她决定尝试实践这个奇怪的想法，当人们做得很好或对她提供了帮助时，对他们说"谢谢"。

一个月后，我回到那里，看到的是一间混乱的办公室。我四处打听，想知道发生了什么事。这间办公室分裂成两派，一半是阿曼达的爱将们，另一半是其他感觉被孤立的员工。每个人都知道自己在她心目中的地位。阿曼达经常在公共场合感谢和赞扬她喜欢的人，却完全忽视了团队的另一半。

不要吝惜你的赞美，重要的是，对每一个人都是如此。

练习 21　表达感激之情

花点时间回想一下你周围的人最近都在哪些方面帮助了你。他们的帮助可能很简单，也许就是履行了自己的承诺。你会发现值得感激的事情有很多。当你建立起自己的感恩清单时，你会找到很多理由去感激同事、朋友和家人。

下次当你看到那些帮助过你的人时，说声"谢谢"。这是一个影响深远的简单练习。

如果你想让这个练习更有效，那就向对方解释一下你为什么心存感激，以及他们是如何改变你的。记住，说"谢谢"无论如何都不会产生负面效果。

---

5. 进行有效社交

在社交媒体时代，人们很容易认为什么都是多多益善的。更多的推特关注者和更多的"赞"可能有助于刺激多巴胺的分泌，但这并不是有效的人际关系。有效的人际关系既包括专业工作领域也包括个人生活领域。

你的个人网络和社交网络很重要，因为它可以在你需要时给你提供精神上的支持，它是把你从无情的工作压力中解脱出来的一种方式。第六章将探讨长期以来，这种可替代的能量来源和恢复来源对保持韧性思维有多重要。

从专业领域来说，你需要可以信任的人际关系网来帮助自己实现目标。你可以把这个关系网绘制到纸上，看看你所处的位置。你需要得到以下几类人的帮助。

- 有权力的经理人。他们能够指导你正确地完成任务，在你遇到挑战和机遇时为你提供指导。
- 组织内外的搭档。你可以依赖他们把事情做成。
- 有影响力的人。他们可以就如何实现目标为你提供建议，也可以成为你在公司其他部门的拥护者。他们通常是人力资源部和财务部等部门的员工。

- "天使"。他们是存在于公司之外的重要人物。有些人可以通过指导来帮助你，有些人则可以给你提供外部视角，还有些人可能会在你需要或希望的时候帮你在另一家公司谋职。他们很可能是你以前的同事。大多数行业的圈子都很小，而且关系错综复杂，因此与前同事保持良好关系是有好处的，你永远不知道他们什么时候能帮到你。

社交网络的力量

每家创业公司都会经历"濒死"体验，会面临在月底发不出工资的困境。并不是所有的创业公司都能在这种体验中生存下来。这时你就会发现，现金流并不是抽象的会计报表，而是能决定生存与灭亡的核心。我的一家新公司正迅速走向悬崖边缘，现金也快用完了。

有一天，我搭乘长途飞机处理其他事，我在飞机上偶遇了一个 10 年没见过的老同事。我们的关系一直很好。原来，他正在为一位亿万富翁管理家族企业。到飞行结束时，我的这家创业公司已经找到了第二轮融资的最大投资者，现金流问题也因此得到了解决。

永远不要过河拆桥，你永远不知道什么时候你的人际关系网可能会拯救你。

掌握向外拓展的技巧有助于你建立人际关系网，你需要学会建立信任、表达感激、倾听他人，以及使用积极式建设性回应。这不是魔法，这是与那些对你重要的人建立关系时，使用简单且一致的行为习惯的问题。这些行为习惯在人际关系中与在职业关系中同等重要。

练习 22　进行有效社交

你偶尔会有机会在社交活动和会议中拓展自己的人际关系网。一想到要和一屋子陌生人见面，有些人就会感到高兴，有些人则会感到害怕。

无论你的感受是什么，你都需要用一种有效的方法来应对满屋子的人，除非你想花两小时和一个你在以后的生活中可能再也见不到的人侃侃而谈。

你的第一步是准备。在这满屋子的人中，可能只有四五人是你真正想要见的。你需要浏览宾客名单，确定你的目标社交对象。在理想情况下，你能找到一个了解你的目标并能向他人介绍你的人，热情的介绍总是胜过冷冰冰的刻意接近。如果你不得不冷冰冰地接近他们，那么赞美他们会对你有所帮助，你可以赞美他们做过的事、说过的话或写过的东西，然后让对方谈谈自己最喜欢的话题以及他们自己。一旦他们告诉你他们有多棒，你就可以告诉他们你很想与他们再次碰面，讨论共同感兴趣的事情。这样，你的工作就完成了。你不需要在一个拥挤的房间里推销你的产品或拉投资，把这件事留到以后再做吧！一旦你完成了重要的自我介绍，就可以决定是要继续享受与更多陌生人见面的乐趣，还是要离开。

记住，拓展社交网络是你的工作，所以让它为你服务吧！

总结

向外拓展能从以下三个方面帮助你构建韧性思维：

- 分散你的工作量，减轻你的工作负担；
- 让你更容易实现目标；
- 帮助你度过专业领域和个人生活领域中的困难时期。

你必须在某一时刻通过以下四种技巧来支持他人，进而构建自己的人际关系网。

1. 建立信任

（1）个人生活领域结盟。寻找共同的经验和背景。

（2）专业领域结盟。找到共同的需求和愿望，找到双赢之法。

（3）信誉。总是言出必行。尽早就预期结果并展开艰难的对话，而不是围绕不可能改变的结果展开对话。

（4）无私。要慷慨，但不要让别人占你的便宜。唯有付出，你才能有所收获。

（5）风险。风险越大，越需要获取他人的信任。在你可以冒险的地方去冒险。

2. 积极倾听

通过提问的方式来积极倾听，关注谈话者，提出明智的问题，而不是提出明智的观点。倾听是一种强烈且微妙的迎合方式，它能帮助你理解如何积极地影响他人。像所有优秀的销售人员一样，多听少说。

3. 给出欣赏式的建设性回应

对好消息和坏消息都做出积极的、有建设性的回应。多花时间在同事身上，在"阳光普照"的时候建立关系，这将有助于你们在困难时期维持这层关系。

4. 感恩

"谢谢"是对他人表达感激之情的话语，虽然它是一种简单的表述，但是它却远远未被充分利用。所以你要把感谢说出口，并且经常去说。你赞扬他人的次数至少要十倍于你对他人的批评。

5. 进行有效社交

你需要在个人生活领域和专业领域构建起支持网络，以便支持你度过好时光和坏时光。仔细审视你的专业关系网，确保你在搭档、有权力的经理人、有影响力的人和"天使"之间取得适当的平衡。你在社交媒体上的关注者并不能代替在你需要时可以帮助你的、值得信赖的支持网络。

第六章

给自己"充电"：恢复的力量

本章将讨论你如何在整个职业生涯的每一天、每一周、每一年都保持良好的表现和感觉。

如何通过更少但更好的工作来提高效率呢？答案是：尽量减少干扰，有系统而非随机地去休息。

本章将介绍如何管理你的精力和状态。事实上，没有人能永远保持最佳状态。就长期而言，睡眠、饮食、锻炼和休息是你的关键资源。

本章将提供一些实用的工具和技巧来帮助你管理这些重要的资源。

为何"充电"很重要

锡拉库扎（Syracuse）的暴君希罗（Hiero）遇到了一个问题。他怀疑制造王冠的金匠欺骗了他，在王冠内部掺进一些不值钱的金属来代替黄金。他不想毁掉王冠来寻找答案，但他怎么能确定他的王冠是纯金的呢？希罗聘请了当时像摇滚明星一样受欢迎的科学家来找出答案。阿基米德（Archimedes）着手解决这个问题：测量一种形状非常不规则的固体（王冠）的体积。

罗马历史学家维特鲁威（Vitruvius）写道："当阿基米德泡澡时，水溢了出来。这让阿基米德获得了最初的灵感，他意识到可以用一个普通的量杯测量排水量，王冠被放入水中挤出的水的体积就是王冠的体积。这就可以告诉他，如果王冠是纯金的，它的重量应该是多少。阿基米德跳出浴缸，光着身子喊着'尤里卡'[1]。"各种各样的证据表明，这个故事很可能是捏造的（维特鲁威生活在阿基米德之后 200 年）。但永远不要让现实妨碍了一个好故事。

阿基米德的"尤里卡"时刻与牛顿的"苹果落地"时刻从性质上来看完全相同。人们把这个故事讲了很多遍，可能还做了润色，但其本质总是一样的。当牛顿看到一个苹果掉下来（不是掉在他头上）时，他正在花园里沉思。1752 年，他的传记作者威廉·斯蒂克利（William stukeley）记录了这个故事。

> 为什么苹果总是垂直地落到地面上？他默默地思考着。因为偶尔看到苹果落地，他坐在那里陷入了沉思。
> 为什么不是横着飞出去，或者是向上飞？而总是指向地球中心？毫无疑问，这是因为地球吸引了它。物质中一定有引力。地球引力的总和必须在地球的中心，而不是在地球的任何一边。

阿基米德和牛顿的共同点是，他们都会思考，但他们不会一边看电视、查收邮件、准备晚餐、陪伴孩子，一边在社交媒体上忙着

---

[1] 尤里卡（Eureka）是希腊语，意为"我找到了"。

处理多项任务。行动不等于有所成就。有时候，按兵不动是获得创造性成就的最佳途径。阿基米德不是第一个，也不是最后一个在洗澡时生出好主意的人。

行动不等于有所成就。

现在看来，神经科学正在赶上现实，并解释了为什么我们最好的、最具创造性的想法会诞生在不忙的时候。

我们为何在洗澡时充满创意

自主神经系统控制着我们的腺体和心肌，它是一种无意识的本能反应。它通过交感神经和副交感神经来运转。

交感神经控制的是战斗反射或逃跑反射。当你面对威胁时，这是一种非常有用的反应。你的身体从维持性活动（如消化）中转移能量，并将能量全部集中在行动上。你的身体做好了行动的准备：心率和血压升高，以便能够快速释放能量，与此同时肌肉紧张起来，以便能够释放速度和力量，身体释放出皮质醇和肾上腺素来支持你的反应。在这个阶段，你的瞳孔会扩大，视觉和听觉会更专注于眼前的威胁，其他刺激会消失。当你被狮子追赶的时候，这些反应是有用的，但是当你整天都在应对来自工作的压力时，这些反应就没那么有用了。这么做很快就会让你就感到疲惫，因为你的身体无法长时间维持这种高强度的反应。

自主神经系统的另一部分是副交感神经，这里是你的"休息和消化"模式。你不再完全专注于应对威胁。当你放松的时候，

> 大脑会开始漫游，并把之前储存的所有想法联系起来。这就是你可能会将排水量、王冠、洗澡、重量和黄金联系起来的时刻，而在"战斗或逃跑"模式下，你永远也做不到这一点。
>
> 不同种类的工作需要我们做出不同的反应，对你帮助最大的有时是交感神经区，有时则是副交感神经区。我们面临的挑战是，能否根据不同的情况做出正确的反应，并保持平衡。

职业生涯或多或少会因人而异地让人心生倦怠。

休息和放松不仅对我们保持清晰和创造性的思维很重要，对你能否长期坚持下去也同样重要。人不可能无止境地保持高强度努力。不幸的是，职业生涯或多或少会因人而异地让人心生倦怠。职业倦怠之所以成为职场人士的通病，有以下五个原因。这些问题与你的性格无关，与之相关的是工作性质的变化。

（1）工作目标不明确。专业人士无法用一天搬了多少吨生铁这样的方式来衡量成功。衡量数量（工作多少小时、见过多少客户）或许是有可能的，但衡量质量要难得多。例如，工作汇报、电话沟通、会议等是很难被衡量的。目标不明确很容易让人产生压力。

（2）专业自豪感。专业人士以自己的事业为豪，并希望能尽全力去完成。当这一点与目标不明确的工作组合在一起时，二者就构成了有害的组合，因为只要你多工作一点，就总是能做更多的事情。

（3）来自同事的压力。专业人士扎堆在一起，这意味着你与同事们的成功路径是一致的。如果公司文化是晚上 7 点离开就意味着早下班，那么你就很难在下午 5 点下班。

（4）科技的进步让我们可以全天工作。这加剧了工作目标不明确、来自同事的压力等问题。实际上没有人每周 7 天、每天 24 小时都在工作，但很容易让人感觉到自己全天待命。我们可以离开办公室，但办公室永远不会远离我们。在过去，工作和家庭 / 休闲被划分为不同的部分，这使得人们可以休息恢复。现在工作和休闲混在一起，这意味着我们从来没有真正的充电时间。

（5）失去控制。工作环境、工作的稳定性都变得没有确定性。我们缺乏管理者在过去所拥有的权力和资源。如果你想做成一件事，那就必须依靠可能无法控制的对象或不想被他人控制的对象。如果工作本身没有成就感，或者得不到同事的信任，那么你的压力就会更大。

人是一步步慢慢地走向筋疲力尽的。它始于查看电子邮件到深夜，然后是周末接了几个工作电话，之后是每晚在办公室加班到很晚，再之后是为了赶得上最后期限而连着工作了几个周末，最后是放弃假期和家人的婚礼以兑现重要的工作承诺，而你会在 10 年内完全忘记这个承诺。这是一个滴水穿石的过程，它很容易发生，而人们很容易忽视这些迹象，发现时一般已经为时已晚。

梅奥诊所（Mayo Clinic）提供了一份有用的清单，可以帮助你及早发现这些症状，我在此将其改写如下。

（1）你是不是变得比平时更暴躁、更挑剔、更愤世嫉俗了？

（2）你觉得精力减少了吗？你必须强迫自己去工作吗？

（3）你喝的酒、服用的药和喝的能量饮料比以前更多了吗？

（4）你有睡眠困扰吗？你的胃口变了吗？

（5）你是否更容易被一些小事所激怒？

（6）你是否正在承受更多轻微的身体不适，如头痛和背痛？

（7）你是否对工作、同事和自己取得的成绩感到更加消极？

当你阅读一本医学词典时，不可避免的结果是，你发现自己有很多精神和身体疾病的症状。因此，你认为自己有上述症状是很自然的。事实上，我们都患有的基本疾病被称为"生活"。问题是这些症状与你的正常状态偏离了多远呢？你离正常状态越远，警告信号就越应该开始从黄色闪烁为红色。

我们都患有的基本疾病被称为"生活"。

每个人都可能在职业生涯的某个阶段经历倦怠期。95%的人力资源专业人士报告说，精力枯竭正在破坏企业的员工保留计划。39%的员工表示他们在工作中感到压力。压力通常是疲惫的可靠信号。

你要在每天、每月、每年都管理好自己的精力，这对于你保持良好的状态并且通过坚持不懈的努力取得成功至关重要。表 6-1 反映了你应该如何去管理自己的精力。

表 6-1　精力管理

	负面情绪	正面情绪
精力旺盛	生存区 • 压力、焦虑 • 专注 • 独断、咄咄逼人	表现区 • 兴奋、充满希望 • 投入、坚定 • 积极、乐观 • 坚定
精力不足	倦怠区 • 幻想破灭 • 疲惫、精力不足 • 愤世嫉俗、暴躁、消极 • 无聊	恢复区 • 放松、冷静 • 快乐、积极 • 善于交际 • 有创意

显然，我们都希望自己能一直处于表现区，但这是不可能的，原因有以下两个。

首先，当面对逆境时，我们的积极情绪会变得消极。在体育运动中，两支球队在比赛刚开始时可能都处在表现区，他们感到兴奋、充满活力和乐观。但当其中一个团队落后时，许多队员的情绪就会从表现区切换到生存区。他们需要找到摆脱困境的方法，而时间在一分一秒地流逝，这会带来真正的压力。

同样的事情也会在工作时发生。当事情进展顺利时，你很容易就会觉得自己处于表现区。但是工作中有无数的危机和冲突可以让你快速进入生存区。这些可能是暂时的危机，也可能是更普遍的职业危机，这些危机可能在某一刻影响你未来几个月甚至几年的前景。

你在生存区仍然可以表现得很好，有时是非常好。而且，作为一名专业人士，即使是在最艰难的情况下，你也可以尽全力把工作做到最好。从生存区到倦怠区是一个自然而然的过程，更好的过程是从生存区进入恢复区。

我们不能无限期地待在表现区，因为我们需要时间来恢复。恢复和停机不会影响我们的表现，它是让我们保持高性能的重要方法。所有顶尖运动员都有固定的休息日，不是因为他们无所事事，而是因为休息可以提高成绩。

休息可以提高成绩。

本章的其余部分将向你展示如何有效管理自己的精力。

养成管理精力的习惯

日常精力管理的重要性是由科学管理之父弗雷德里克·泰勒（Frederick Taylor）首先提出的。这意味着他在 20 世纪被工人和工会普遍憎恨，因为他致力于研究劳动时间和工人运动，这些研究旨在最大限度地压榨工人的生产力。可以肯定地说，他不是工人群体的好朋友。他对工人的态度可以从他对生铁搬运工的描述中概括出来。

> 想把运生铁作为固定职业的人，首先要具备的条件之一就是肯吃苦，使他在精神上比其他类型的人都更像一头牛。因此，一个不能吃苦的人是完全不适合干这种工作的。

泰勒着手提高生铁搬运工的工作量。在他接手前，每人平均每天可处理约 12 吨生铁。他锁定了其中一个工人施密特。他指导并帮助施密特提高了工作效率，这样施密特就可以每天处理约 48 吨生铁，并且不会感到疲惫，其工作效率是原来的 4 倍。泰勒使用的原则非常简单：

- 强制工人每小时休息 5 分钟，即使他不觉得累；
- 将每天的工作时间从 10 小时或 12 小时减少到 8.5 小时；
- 确保工人在工作时专注、高效。

泰勒的方法证明，更多的休息确保工人每天都能获得更高的生产力。他对善待员工毫无兴趣，他只是想从每一美元的工资中榨取尽可能多的生产力。他发现最好的方法是减少工作时长，同时提高工作效率。你可以用完全相同的原理，在办公室里把轮岗搬运生铁换成轮班工作。

以下是三个积极的练习，它们是从泰勒和科学管理学中获得的启发。

练习 23 休息一下

这个练习旨在让你整个工作日都保持充沛的精力。你要确保自己在一天中能经常休息，短暂的休息也可以。即使你不觉得累，也要争取每小时休息五分钟。休息的形式很简单，例如冲杯咖啡或者和同事聊聊天。

每小时的休息时间不仅能让你精力充沛，还能让你更专注于工作。你可以利用每一次休息为自己创造一个 55 分钟的冲刺，每一次冲刺都可以是从容专注的。由于办公室里的随机性干扰，你的一些冲刺不可避免地会失败，但至少这些休息会让你集中精力，让你的一天更有条理。

这是典型的"短间隔进度表"，它有助于你提高注意力和效率。当你面对一项重要任务时，把它分割成小块，完成每一小块任务的时间不要超过一个小时。全力以赴完成任务的第一步，然后休息一下，奖励自己去咖啡机旁转一圈，或者看看有多少人为你在社交媒体上发布的照片点了赞。正如我们在施密特身上看到的，即使你不觉得累，休息也是很重要的，这种快速充电可以帮助你撑过接下来的一个小时。

当你面临着一项自己不太喜欢的任务时，也可以使用同样的方法。如果你必须打很多通推销电话，那就把打电话的任务分解成可实现的目标。例如，给自己设定先拨打 5 个电话的任务，然后奖励自己休息一下。

疲劳和醉酒一样糟糕。

练习 24　减少工作时间

这个练习的目标是确保你每天至少有 5 个小时高效工作的时间，这个工作时长远超你大多数同事能做到的。要做到这一点，你就要非常清楚自己每天、每周和每个月需要完成什么。这会让你专注于重要的事情（信号），而不是"噪声"。如果你不清楚自己必须完成什么，那你一整天都将耗费在处理办公室生活的日常"噪声"中。

即便你所在的公司将长时间工作视为一项工作要求，你仍然可以专注于创造 5 个小时的高效工作时间。你可以用剩下的时间建立人际关系、闲聊、参加毫无意义的会议，你甚至可以利用剩余的时间进行一些创造性思考。

如果你不得不长时间工作，那就避免在一天结束的疲惫时刻做重要的工作。疲劳和醉酒一样糟糕。当一个人在 17 个小时不睡觉的情况下工作时，工作效果与血液中酒精含量为 0.05% 时相同，效率低且反应慢。就连弗雷德里克·泰勒也认识到缩短工作时长能提高工作效率。工作时间最短的国家拥有全世界最高的生产率和最高的人均收入。

一些公司已经在尝试减少工作日和缩短工作时长了，他们发现这是可行的。澳大利亚 Collins SBA 公司的首席执行官乔纳森·埃利奥特（Jonathan Elliot）发现，他 5 在小时内的工作效率最高，于是他决定将所有员工的工作时间调整为每天 5 小时。为了让这件事能被执行起来，长时间的会议必须被取消，取而代之的是 10 分钟的碰头会。每个人的工作效率都比以前提高了，闲言碎语也比以前少了。缩短工作时间这一举措的效果是显著的：请病假的人数大幅减少，优秀人才被聘用，一些顾问正在取得前所未有的成绩。他们正在继续进行这项实验。显然，一次成功的实验并不能证明这就是未来的工作趋势，但它表明了哪些改变是具备可行性的。

练习 25　确保工作时专注、高效

效率低下在办公室里很常见，这与工厂、运输或其他易于衡量的工作的高效一样常见。效率低下的三个主要原因是：（1）目标不明确；（2）受到干扰；（3）毫无意义的活动。如果你能驯服这三个效率杀手，你就将拥有极高的生产力。下面是如何让每个小时都变得高效的方法。

（1）明确目标。驱逐模糊不清的想法。这与练习 24 传达的信息相同，值得再重复一遍。不明确的工作目标和流程会导致返工和浪费时间，例如无意义的会议。

（2）避免分心和被外界干扰。计划内和计划外的中断会给你的生产率和表现带来致命影响。避免被查看电子邮件、迅速打个电话、浏览社交媒体或闲聊分心。当你工作的时候，一定要专注于工作，并且要清楚你需要实现什么目标。如果你需要处理电子邮件或打电话，那就留出一小段时间来专门处理这些事。

研究者对 86 名使用 Eclipse 和 Visual Studio 的程序员录制了 10 000 个编程语言，并对这些编程语言进行了分析。研究者发现，被打断工作后，程序员需要 10~15 分钟才能开始继续编辑代码。如果他们一天被打断 15 次，那就相当于损失了半天的时间。中断的工作需要两倍的时间才能继续，同时他们也会犯两倍的错误。

（3）一次只做一件事。你可能会认为同时处理多个任务会让你的工作效率很高，但事实并非如此。任何一心多用的人看起来都很忙，但实际上却一事无成。研究表明，任务越复杂或越不熟悉，你就越难在它们之间切换。当你同时处理多项任务时，工作效率会下降40%。如果你怀疑一心多用有多困难，那就去看看那些一边走在大街上一边发短信的人吧！

———————

计划内和计划外的中断会给你的工作效率和表现带来致命影响。

这些练习可能与大多数办公室的标准工作文化相反，标准的工作文化是长时间工作、处理无休止的外部干扰、同时处理多个任务、不规律地休息，等等。这种工作文化导致了低下的工作效率和低韧性。这意味着，许多人正在费力搬运相当于12吨生铁的工作，而他们本可以更集中精力去搬运48吨生铁。

聪明地工作总是比长时间工作要好。

善待你的身体

持续每周都努力掌握你所需要的技巧与单独在某一周做这些事是不同的。以下四种方法可以帮助你坚持下去。

（1）学会休息：利用恢复的力量。

（2）充足的睡眠。

（3）合理的饮食习惯。

（4）锻炼是为了取得良好的表现，而不是为了与他人竞争。

1. 学会休息：利用恢复的力量

我们认为每周 7 天是理所当然的，但这是一个非常不自然的时间量，因为 4 周只有 28 天。古埃及人崇拜的是太阳而不是月亮，所以他们每个月有 3 周，每周为期 10 天，并在每年年底增加 5 天，以使他们的每年都有规律。法国大革命也推出了 10 天为 1 周的计时法，并掀起了一股十进制热。3000 多年前，犹太教引进了每周 7 天的计时法。

在所有这些计时法中，共同的原则是每隔几天人们应该休息 1 天或 1 天以上。罗马人每 8 天举办一次赶集，而平民可以在那一天不用在田地里干活。公元 321 年，君士坦丁大帝（Emperor Constantine）引入了 7 天工作周，他还规定第 7 天为法定假日。

人们早就认识到休息日的重要性。罗马的贵族们并不想对平民友好，他们意识到休息日是让平民保持安静并最大化提高他们生产力的好方法。与此类似，亨利·福特于 1926 年在他的汽车厂引入了每周 5 天工作制，当时的标准做法是每周工作 6 天。他发现，改为每周工作 5 天后，工人的生产率并没有受到影响。渐渐地，双休日的概念开始传播开来。

双休日的概念源远流长，这有着充足的理由：人们需要休息才能改善自己的表现。对运动员训练日志的简短检查显示，运动员的训练计划里包含了休息日。在皇家海军陆战队的训练计划中，每周有一天休息日。由此可见，休息日对人们的身心恢复至关重要。

休息日对人们的身心恢复至关重要。

推崇全天工作毫无意义。对大多数人来说，这是一个不真实的神话。经济合作与发展组织（OECD）的数据显示，现在人们每年的平均工作时间为 1770 小时，或每周 34 小时，包括假期和病假在内。在实际生活中，你可能会发现周日早上 8 点的高峰时间并不匆忙，大多数人都不去上班。但是，即使你不是每周 7 天、每天 24 小时工作，网络技术的出现也意味着你很难在非工作时间完全避开工作。

练习 26　学会休息

这是一个非常简单的练习，要求是你什么都不要去做——至少一周练习一次。对于过分努力地同时完成多项任务的人来说，这项练习或多或少都会让他们觉得不太可能实现，但它对你长期保持精力至关重要。历史的教训，以及所有高水平运动员的教训告诉我们，你每周至少需要休息一次。休息不意味着无所事事，而是在帮助你保持优良的表现。

偶尔享受空闲。

韧性思维画像：管理你的精力

托尔是伦敦警察厅最年轻的探长之一，她曾执行过很多高要求的任务。在实际工作中，警察更多的是要去处理混乱的情况和人。托尔解释道："你需要对不确定性有很高的容忍度，没有什么是非黑即白的。你总是在灰色的范围内操作，没有什么是简单的事。"警察是一种高风险、高要求、高度不确定性和全天候的工作，因为违法犯罪活动从不停止。

为了保持对这种模棱两可的事情的容忍度，她必须管理好自己的精力。托尔试图通过专注于日常和每周的训练来实现这一点。她对日常事务进行了严格的规定，包括保留一个记事本，以确保在正确的时间完成正确的任务。她会在每天开始的时候解决掉那些自己最不喜欢的重大任务，然后处理所有的会议和电子邮件。状态好的时候，她一周做三次高强度运动和三次冥想，每天早上做四分钟瑜伽。她的早餐是精心准备的富含蛋白质的食物，并且她总是带着一瓶水。她在工作日不浏览社交媒体，每周最后两个小时会回顾工作进展并思考未来计划。每三个月，她就会做一次全面盘点，看看自己在所做的事情和做事方法上要如何改进。她对自己所做的每一件事都非常用心，以至于最微不足道的工作都花费了她很多精力。

托尔纪律性的产生并非偶然。托尔从错误中学习，并在事情搞砸时进行"跟踪"。精力不会自己维持在那里，它必须得到滋养。和许多领导者一样，她高度专注于学习，她会对外拓展。在职场中，她把大量时间花在团队上；在个人生活领域，她把很多时间花在社交上。

2. 充足的睡眠

练习 27　好好睡觉

这个练习的性质有些不同，它传达的信息很简单：睡得多，睡得好。

研究表明，许多高效者成功的秘诀是拥有真正的睡眠。长时间工作而导致的睡眠不足很容易让你表现欠佳。大量研究表明，睡眠不足会使你的大部分认知功能变差，包括：

- 注意力；
- 工作记忆力；
- 反应速度；
- 反应准确性；
- 记忆力；
- 决策力；
- 灵活的思维。

睡眠不足会让你的身体状况变糟。此外，我们从同事和因疲于蹒跚学步而发脾气的孩子那里学到了经验：疲劳会让人脾气暴躁。一个疲惫不堪的人不仅思维不灵活，举止也会很糟糕。疲劳对你在工作或开车时的表现都会产生负面影响。大约 1/10 的严重交通事故与疲劳驾驶相关，大约每 5 起致死交通事故中就有 1 起与昏昏欲睡的司机相关。总而言之，疲劳会害死你和他人。

与之相反，充足的睡眠有助于提高个人表现。在一个简单的实验中，斯坦福大学男子篮球队被要求参加睡眠时间延长锻炼。他们的目标是每晚至少睡 10 小时，这远远超过了大多数人能做到的 7~8 小时。经过 7 周的延长睡眠锻炼后，球队表现明显改善：

- 短跑冲刺时间提高 4.4%；
- 罚球命中率提高 9%；
- 三分球命中率提高 9.2%。

你真的可以通过睡觉来获得成功。

许多竞争结果都是由微小的差异所决定的，这些都是你值得付出努力的地方，因为它们能带来巨大收益。看来你真的可以通过睡觉来获得成功。

---

3. 合理的饮食习惯

人们花了很长时间才意识到饮食是改善表现的关键。饮食科学已经取得了进展，它影响着人们的认知表现和身体表现。一如既往，学生群体为我们提供了证据。从实验者的角度来看，学生群体很容易研究，他们的结果很容易比较，而且针对学生设置和运行测试也相对容易。证据是显而易见的：在很大程度上，更好的饮食意味着更好的表现。在智利的圣地亚哥，研究人员针对 395 名 16 岁的学生展开了一项调查，旨在测试饮食和表现之间的联系。这些学生的饮食情况是根据他们吃了多少饱和脂肪、膳食纤维、糖和盐来评估的。然后他们被分成健康组、中等组和不健康组。健康组学生的平均成绩（Grade Point Average，GPA）为 515 分，而不健康组学生的 GPA 为 460 分。

两组学生的 GPA 的巨大差异并非源自难以维持的古怪饮食，区别主要在于是否摄入了过多的垃圾食品。盐、糖和饱和脂肪可能存在于外卖食品、加工食品、糖果、薯片和其他危险食品中。健康的食物包括蛋白质、膳食纤维、水果和蔬菜。

如果在工作日吃健康的食物很困难，那么还有另一个有助于提高工作效率的饮食秘诀，那就是吃早餐。学生群体再一次为这个论点提供了证据。吃早餐的学生更有可能：

- 学业成绩优异；
- 举止良好；
- 喜欢锻炼身体；
- 保持合适的体重。

一项针对阿布扎比学生的代表性研究显示，51% 吃早餐的学生成绩为 A，而在不吃早餐的学生中，只有 31% 获得 A。在英国，70% 的教师说，吃早餐对提高学生的注意力有帮助，只有 1%~2% 的教师说，吃早餐对学生的注意力和行为有负面影响。如果你想成为一个一流选手，那么吃早餐是关键。

健康饮食的韧性思维心态包括具备自我效能感——相信自己可以实现目标；保持积极的心态；关注你能做什么和能吃什么，而不是关注你不能做什么或不能吃什么；向外拓展人际关系，获得积极的支持。

练习 28　健康饮食

大多数健康的饮食习惯很难被坚持下去，因为它们会对你提出不寻常的要求。你不需要极端的饮食习惯，你需要的是可持续的饮食习惯。以下是维持健康饮食的三个关键点，它们也可以帮助你控制体重。

- 减少垃圾食品的摄入量。有害物质是众所周知的：饱和脂肪、糖、盐和酒精。你不能完全避免它们，但你可以减少它们的摄入量。
- 吃早餐。早餐是你一天的燃料，在没有能量的情况下开启一天就像发动一辆没有燃料的汽车。俗话说："早吃好，午吃饱，晚吃少。"早餐对你的表现有很大的影响，它也可能有助于控制体重，尽管证据不那么明确。
- 建立韧性思维心态，特别是围绕自我效能感构建。有了良好的心态，任何饮食习惯都能奏效。

在没有能量的情况下开启一天就像发动一辆没有燃料的汽车。

4. 锻炼是为了取得良好的表现，而不是为了与他人竞争

现在出现了一种对超级健身管理的狂热崇拜现象，推崇者声称他们每天早上工作前都会进行一次铁人三项锻炼。喜欢激烈的运动

是争强好胜的优等生的标志，他们想赢得一切。幸运的是，没有证据表明极端健身会导致任何其他结果。这也与本章的主题不一致，我强调的是善待你的身体。但是锻炼和保持优良表现之间是有联系的。

锻炼身体的重要性最早是由医学教父希波克拉底（Hippocrates）提出的，他为医学界立下了希波克拉底医生誓言。在大型制药公司出现之前，除了草药和动物器官混合物外，人们对医学知之甚少。对于希波克拉底来说，解决这个问题的办法很明确：走路是最好的药物。2500 年后，现代医学可能正在追赶希波克拉底的步伐，忘记铁人三项吧，走路真的是最好的药物。仅仅是打高尔夫球这项运动就可以降低 40% 的死亡率，让你多活 5 年。如果你将打高尔夫球视为一种惩罚，那么这种惩罚是值得的，因为你可以多活 5 年。

神经科学的研究表明，锻炼会提升人的抗衰老和认知能力。令人惊讶的发现是，运动会导致神经元再生。与大脑中神经元的稳定衰退相反，锻炼会产生新的神经元，尤其是在海马体中。随着年龄的增长，这有助于你保持认知能力和记忆表现。掌握了这些知识，许多神经科学家也开始热衷于慢跑。如果你想要具备这种韧性思维来维持长期良好的表现，锻炼是很重要的。

锻炼还会产生更多直接的效果。有氧运动可以做到以下几点：

- 改善情绪；

- 提高睡眠质量；
- 缓解压力和焦虑；
- 提高创造力。

锻炼似乎还能提高任何年龄段的人的认知能力。对于学生来说，10 分钟的锻炼就能显著提高学生当天的数学考试成绩。从长期来看，健康的孩子比不健康的孩子表现更好。

当你需要找到创造性的方法来解决工作中棘手的问题时，不要坐在那里干着急。站起来，出去散散步。步行甚至可以提高你的创造力和发散思维能力。幸运的是，测试和衡量创造力是可行的。最简单的测试是看看你能想到一个回形针、旧鞋或其他普通物品有多少种不同的用途，你可以自己试试。你的创造力是由以下三个因素衡量的。

- 流畅性：你能产生多少想法。
- 灵活性：不同类型的使用方法数量。
- 独创性：你的答案多么不寻常。

斯坦福大学的一项研究发现，81% 的人在散步时提高了他们的创造力。同样令人印象深刻的是，当这些参与者再次坐下来之后仍然更有创造力。值得注意的是，在户外散步比在跑步机上走更能激发创造力。现代科学再一次证明了希波克拉底的观点：走路是最好的药方。

> 走路是最好的药方。

练习 29　做有氧运动

有氧运动是最好的锻炼方式。拉伸、抗阻力训练和肌肉调理运动似乎没有效果。这是希波克拉底在 2500 年前指出的。这并不意味着你必须买跑鞋。它指的是你要对日常生活做出一些简单的调整，例如：

- 在离目的地一站的地方下车，剩下的距离步行前往；
- 爬两层楼梯，而不是等着坐电梯；
- 步行去附近的商店，而不是开车去。

这些日常生活中的小调整比参加铁人三项更容易做到。你也可以找到很多其他方式，让你每天能多走一点路，让步行成为一种灵活的行为习惯。做得越多，你就会越喜欢它。

适度的运动能让你感觉良好，身体更健康。

日常的精力和表现管理

在日常生活中，你可以按照 100 多年前的原则来管理精力并保持良好的表现，这些原则曾大大提高了劳动生产率。

- 即使不累，也要经常休息。使用短间隔进度表把大任务分解成小任务，然后在完成每个小任务时奖励自己。目标是每小时休息 5 分钟。

- 减少工作时间。专注于每天以一流的状态完成 5 小时的工作量，把剩下的时间用在社交媒体、社交和创造性思维上。如果你每天能出色地完成 5 小时工作量，那么你的业绩就会超过大多数同事。

- 保持专注和高效。这是你出色地完成 5 小时工作的关键。你要避免被琐事分心，无论这些事是计划内的还是计划外的。此外，你还要避免同时开展多个任务，如果你这么做了，那就等于同时在做几件无效且费力的事情。当你工作时，要全身心投入。

长期的精力和表现管理

- 休息日。优秀的运动员都知道恢复期的重要性。纵观历史，人们在不同的阶段对一周的长度可能会有不同的看法，但他们都认同每周都安排休息日的重要性。全天工作是英勇却徒劳的，那只会让你筋疲力尽。好好休息才能好好表现。

- 饮食。扔掉垃圾食品，吃一些有益健康的食物，例如水果、蔬菜和富含蛋白质的食物。你的大脑和身体会感谢你，它给你的回报就是改善你的表现。要吃早餐，这样你才能提前给自己的

> 油箱加满油。
>
> - 睡觉。你可以通过睡觉走向成功。睡眠不足会导致你的精神状态和社交表现都变得糟糕。
>
> - 锻炼。好消息是，你不需要像健身达人那样去锻炼。你只需要多走走，因为走路是最好的药方，它对身心都有好处。

练习 30　管理你的精力流

你可以使用图 6-1 来监控和管理你的短期精力和长期精力。好消息是，你不应该期望自己总是处于表现区，这种状态不可能一直持续。你会发现自己时不时地处于生存区，这就是生活的一部分。不要期望你在所有的时间都拥有积极的情绪，接受你偶尔必须要在困难时期工作的事实。

图 6-1 的秘密是不要去关注显眼的地方，即表现区。相反，关注右下角的恢复区。恢复区对所有顶尖选手来说都是至关重要的，尤其是在体育运动方面。如果你曾处于生存区，那么恢复区是至关重要的。在恢复区，我们不是无所事事的，它有助于我们长期保持恢复力和良好的表现。

恢复力不是指在所有的困难面前都勇敢地坚持下去。这是要你去聪明地工作，而不是努力工作。这意味着你要善待自己的身体，维持精力以便完成短期和长期的任务。

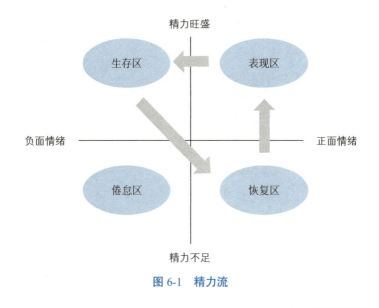

图 6-1　精力流

总结

不管是短期（日复一日）还是长期（年复一年），给自己定期"充电"对你维持优良的表现是至关重要的。你的精力会不可避免地起起落落。我们都想进入表现区，但不可能一直待在那里。当事态对你不利时，你很可能会发现自己处于生存区。这也是危险地带。你很容易从生存区过渡到筋疲力尽的状态，但从生存状态直接过渡到表现状态则是不太可能的。最好的办法就是休息，即进入恢复模式，给自己"充电"，然后你就可以回到表现区了。

第七章

化危机为转机：选择的力量

这一章将讨论如何管理你 1% 的时间，那是你职业生涯中最激动人心的时刻，也是决定你职业生涯成败的时刻。韧性思维不仅需要你处理逆境并长期坚持，它还要求你实时做出正确的选择，化危机为转机。

为何保持警惕很重要

俗语说："打仗就是 99% 的无聊时间加上 1% 的恐惧时间"。这同样适用于我们的事业，甚至是生活。在 99% 的情况下，我们开启的是自动巡航模式，但有 1% 的时间则完全依靠肾上腺素。这些危机和冲突时刻定义了你的职业生涯。这是建立或丧失声誉的时刻，是权力明显从一个人转移到另一个人手中的时刻。有些时刻在计划内，有些则在计划外。

- 在求职面试时，你被问到了一个具有挑衅性和潜在冒犯性的问题。你对此作何回应？
- 危机出现后没人知道该怎么做，但你有一个主意。你是冒险前进还是谨慎后退？

- 在会议上，指责开始满天飞。你是战斗、按兵不动还是逃跑？

- 上司试图使你接受一项你不喜欢的任务。你是放弃还是接受？

- 你要向董事会做一个报告，这将是关系到你成败的关键时刻。你将如何应对？

- 你必须在数百万电视观众面前从十米高的跳板上跳水。这次跳水将决定你能否实现终身抱负并赢得一枚奥运奖牌，你没有第二次机会。你将如何应对？

从本质上讲，你无法预测危机何时会出现或者为何会出现，也不知道危机会是什么。但你可以肯定的是危机的确存在。好消息是，如果你准备得当，那么你可以更好地应对任何关键时刻。

养成做选择的习惯

在任何关键时刻，你都可以遵从四个步骤来控制和充分利用这一时刻。

（1）让内心平静下来：控制自己的情绪和冲动。

（2）减缓外部事件的冲击：争取时间和空间，找到一条明智的前进道路。

（3）创造选项：避免陷入二元的零和博弈局面，找到创造性的解决方案。

（4）采取行动：承担责任。

1. 让内心平静下来：控制自己的情绪和冲动

作为人类，冲动帮助我们生存下来。如果你想避免被生吞活剥，那么冲动是好事。冲动的三个显著特征是：

（1）我们总是在预测结果；

（2）我们倾向于预测消极的结果，而不是积极的结果；

（3）在面对威胁时，我们的反应是战斗、逃跑或按兵不动。

我们总是在预测结果。可以说，我们应该被称为"预测人"，而不是"智人"，因为我们在进化过程中一直在进行预测。作为测试，试着阅读下面这段话。

> 剑桥大发现学，读者句子时在阅读颠三倒四的依然其大意能搞清楚，我们因为阅读的是单词整个而非单个字母。第一个字母从最后一个字母到，我们预测会含义每个单词的。喜欢预测人类。证实为了这个观点剑桥大学的，可怜我的读者会疯掉在读到这段话时，拼写者单词这也是讨厌的一段话。

以下是正确的顺序。

> 剑桥大学发现，读者在阅读颠三倒四的句子时依然能搞清楚其大意，因为我们阅读的是整个单词而非单个字母。从第一个字母到

最后一个字母，我们会预测每个单词的含义。人类喜欢预测。为了证实剑桥大学的这个观点，我可怜的读者在读到这段话时会疯掉，这也是单词拼写者讨厌的一段话。

一般来说，阅读上面这段话需要你增加11%的努力。我们总是在寻找意义，甚至在读上文的胡言乱语时，我们也总是在预测。当你听别人讲电话时，你听到的是对话的一半，而不是对话，你很难阻止自己的大脑想要完成对话的另一半。

我们倾向于预测消极的结果，而不是积极的结果。在树丛中发出沙沙声的可能是你的朋友，也可能是你的敌人。如果你认为那是朋友，你最终可能会被狮子吃掉，或者被抢劫犯抢劫。由此可见，消极偏见能让你生存下去。

消极偏见会影响我们做决定的方式。假设你可以玩抛硬币猜正反面的游戏，如果猜对了结果，你就能赢得1000英镑。玩这个游戏你要付多少钱？理性地说，你应该准备支付高达500英镑的费用，前提是你确信这个游戏是公平的。在通常情况下，大多数人在费用超过400英镑时就会拒绝支付。在这个游戏中，人们对损失的恐惧远远超过了对收益的预期。

当面对威胁时，我们的反应是战斗、逃跑或按兵不动。此时，所有的能量都进入我们的身体，我们专注于生存下来。这么做有利于行动，却不利于思考。我们不再考虑其他选择，只是逃命。当我们面对树丛时，这么做有用，但在会议室中，这么做却没有用。

在会议室中选择逃避或按兵不动没有任何意义。在公司的任何地方，争斗往往会适得其反。参与"我的意思是她说这不是你的意思……"这样的讨论很快会让你一无所获。

此时此刻，你所面临的挑战是重新控制自己的情绪和冲动。如果能做到这一点，你就已经在通往成功的路上了。

斯坦福大学的棉花糖实验

研究人员找来了 16 个孩子，单独告诉每个孩子现在有机会吃一块棉花糖，如果他们能等几分钟，就可以吃两块。对一个 4 岁的孩子来说，这是一个狡猾而残酷的选择。有些孩子立刻狼吞虎咽地吃下了棉花糖；还有些孩子试图再坚持几分钟以得到第二块棉花糖，但没有成功；另一些孩子表现出了英雄般的自律，得到了第二块棉花糖。

真正的测试则始于接下来的几十年，研究人员对这些儿童进行了跟踪调查。他们发现，那些能更好地控制冲动的孩子在高考中取得了更高的分数和更好的教育成果，甚至连他们的身体质量指数（BMI）也更低。能不能吃到第二块棉花糖与贪婪无关，而是与自律和控制冲动相关。

此后，该实验和结果被多次重复。核磁共振扫描显示，高冲动控制组的前额叶皮层和腹侧纹状体与其他人有显著的差异，他们的大脑在以不同的方式运作。

我们每天都要面对自己的棉花糖实验，我们会面临着对害怕或不喜欢的事或人做出即时性反应的诱惑。在压力下做出的错误反应可能会限制你的职业发展。你有必要去控制自己的反应。第一步是放慢速度，这样你就能对自己的反应做出理性的选择，而不是依赖于一时的本能和情绪。

每一位卓有成效的管理者都掌握了在紧急时刻能够帮助自己的心理技巧。以下是我听过的一些技巧：

- 我会从一数到三，就像奶奶告诉我的那样做；
- 我会深呼吸，就像我在冥想中学习到的那样做；
- 我在想我的榜样会做什么；
- 我想象自己成了墙上的一只苍蝇，以超然的态度观察周围所发生的一切，然后我就能确定自己真正想要的结果是什么了；
- 我会去让我感到快乐的地方（通过想象），在那里我总是感到放松和平静；
- 我想象着对方穿着粉红色的短裙，然后我就不会对他们生气了。

每一种技巧都是不同的，这就是重点所在。不管你的技巧是什么，只要你有一些能让自己冷静下来并控制住自己情绪的心理技巧就行。通常，关键时刻可能只持续 2~3 秒。一旦你做到了这一点，你就可以重新控制自己的思想和情绪了。你给了自己一次做出更好选择的机会。

处理危机和混乱时刻最有效的方法就是深呼吸。

练习 31 用深呼吸来控制并集中注意力

也许你所能掌握的最强大的处理危机和混乱时刻的技巧就是深呼吸。新西兰国防部队估计,在危机时刻,例如当一艘船沉没时,85% 的人会感到恐慌或做出不理智的决定。只要保持冷静,你就能在危机中领先于 85% 的人。深呼吸的技巧被广泛应用,以帮助人们在混乱中保持冷静和专注。它能带来截然不同的结果。

在危机中,你可能会进行急速的浅呼吸,这与战斗或逃跑反射是一致的。这么做在办公室里是没有用的,因为你需要冷静。幸运的是,你不需要成为一个佛教僧人就能学会良好的呼吸方法。这里有一个简单的练习来帮助你学习呼吸,你需要反复练习:

- 用鼻子深吸 4 秒,感觉横膈膜扩张,感觉凉爽的空气进入体内;
- 坚持 4 秒;
- 通过鼻子慢慢呼气 4 秒,感到温暖的气体从体内排出;
- 坚持 4 秒;
- 每天重复 3~5 分钟,坚持 1 个月。

这不是当危机来袭时你要做的练习,而是让你为那一刻的到来做好准备的练习。深呼吸练习相当于士兵在做精神上的卧推练习,其目的不是让士兵在敌人进攻时才开始做卧推练习,而是当他们需要的时候,卧推可以帮助他们、给他们力量。深呼吸练习也是一样的，当你需要的时候，它能让你保持冷静和专注。

———————

当你面对计划外的高压时刻时，深呼吸和上面所介绍的其他技巧能够帮助你。但你常常会发现自己面临的是可预见的高压时刻，如重要的演讲、工作陈述、理想工作的最终面试。你需要另一种方法来处理这些高压事件。你需要找到让自己在事前和事中保持冷静、平静和镇定的方式。你必须进入那样的状态，并且尽可能久地保持那个状态。

幸运的是，在应对这些可预见的高压时刻时，有一种方法被证明有效。你可以使用以下三种工具：

（1）精通；

（2）准备；

（3）想象。

精通建立自信。如果你知道自己在某个领域是专家，那么你就会比第一次在一组专家面前做报告时更有信心。音乐会的钢琴演奏者们可能会在音乐会开始前感到紧张，但精通钢琴演奏能让他们有信心去演奏。要达到真正的精通可能需要练习多年。但是，即使是有限的练习也能让你克服最糟糕的恐惧，尤其是如果你能在演出现场进行练习的话。熟悉感减少了人们对未知的恐惧感。

对于任何高风险活动来说，准备都是至关重要的。我见过的最好的销售人员每周只打三个正式的电话。虽然他看起来非常闲，但他为每一个电话都做足了准备。这么做的结果是，他打的每一个电话都变成了一击即中的高价值销售对话。

间谍们报告说，他们的大部分时间是在酒店房间里等待和准备。准备一场对话比准备一场演讲要难得多，因为演讲更容易被掌控，而且流程也已经设定好了。而一场对话则可能以许多不同的方式进行，你必须为每一个结果都做好准备。

准备一场对话比准备一场演讲要难得多。

"想象"可以在精神上帮你应对重大时刻，让那个时刻看上去既熟悉又惯常。当你面对需要全力以赴的高风险事件时，这是一次效果强大的提前演练。

练习 32　通过想象来为成功做准备

当你展开想象时，你需要在脑海中体验整个事件，调用你所有的感官，越详细越好。

- 这件事会是什么样的？你会看到什么？灯光会是什么样的？
- 你会听到什么声音？谁将发言？他们可能会说些什么？
- 你会闻到什么味道？
- 你会有什么感觉？现场的温度如何？
- 你将如何走动？你将做些什么？

如果这是一场演讲，想象一下你站在台上，用遥控器切换幻灯片，想象并排练每一个小细节。

当你想象自己取得成功时，同时也应该想象自己成功地克服了障碍时的情形。在任何情况下都要做好成功的准备。在高风险活动开始后，它应该不再让你感到陌生和恐惧，而是应该像一部你熟悉的电影，你是电影里成功的英雄，并且你已经准备好扮演自己的角色了。

例如，当我第一次被要求向一家大公司的董事会做报告时，我被这件事吓到了。所以我提了一个不同寻常的要求：在这个重要的日子到来之前，我要求使用几次会议室。因为会议室本来就是为董事会准备的，很少有人使用，所以我被允许进入。我在那里排练了陈述报告，并且完全熟悉了演讲的背景和流程。我甚至排练过坐在房间外等待的过程。我邀请了一些同事在那里开会，这样我就能体验到在如此严肃的地方进行辩论会有什么感觉。当轮到我做报告时，我不再觉得自己进入了一个未知的、充满敌意的领域；相反，我体验到的是熟悉的环境，这让我相对平静和自信。

韧性思维画像：冲动控制和想象

高台跳水是高风险运动。"这是一场角斗，"奥运会跳水比赛奖牌获得者利昂·泰勒（Leon Taylor）说，"它会让你抓狂。如果你太漫不经心，那是不好的；如果你太紧张，那也没有用。"

莱昂从 6 岁开始接受了长达 20 年的训练，这帮助他登上了雅典奥运会高台跳水的最高领奖台。但是，如果他不能应付他职业生涯中最大的事件、最多的观众和最重要的时刻所带来的巨大压力，那么所有的训练都将毫无意义。这不是里昂的 1% 时刻，这是他的 0.00001% 时刻。这次持续 2 秒的跳水将决定他能成为英雄还是一无所获。他没有重来的机会。

你会如何处理？

"想象"是他训练中的一个重要部分。当他谈论这件事时，他正在想象着自己回到了雅典奥运会的比赛现场："我们孜孜不倦地使用的最强大的工具之一就是'想象'。潜意识无法区分想象和现实。这样你就可以为未来做准备，为你从未参加过的活动做准备。所以我会想象自己在比赛中尽力跳水。现在我仍然可以做到这一点。"

利昂随后闭上眼睛，开始想象他的跳水动作，很显然，他在精神上回到了奥运会："我站在雅典奥运会跳水高台的末端。我能听到 16 000 人的低语声，我能看到那里的水，我能感觉到自己的脚紧紧抠住了脚下的跳水台，我能听到水和一大群人发出的奇怪声音，我也能感觉到现场的气氛，我能闻到氯气的味道，我甚至能闻到皮特（他的跳水搭档）的气味——他身上也有氯气的味道，我能感觉到自己的呼吸变慢了，然后我就进入状态了。"

注意，他的想象包含了他会使用的所有感官：视觉、听觉、嗅觉、触觉，甚至他的呼吸和双脚的感觉。在赛前，他完全沉浸在对自己完美跳水动作的想象中，所以当他到达比赛现场时，他是在一个熟悉的地方表演熟悉的动作。

在 2 秒卓越表现的背后，是 20 年的艰苦训练，这需要巨大的韧性。

他的训练基于一个为期 20 年的增长计划，在训练过程中，该计划不断推动和完善其表现。他就读于谢菲尔德大学，那里的优秀教育帮助他取得了优异的成绩。他和自己的跳水搭档有着高度的责任感，双方都在比赛中对彼此坦诚。他有明确的使命感，他在 6 岁的时候就决定要站上奥运会赛场。他学会了把情绪运用到工作中，这样，当竞争对手或父母试图让他心烦时，他就会用由此而产生的愤怒来激励自己。和所有优秀的运动员一样，他做出了巨大的牺牲："我错过了很多次的婚礼、葬礼、圣诞节，还和朋友们发生争执。"但他这样做是因为他下定决心要完成自己的使命，并且他乐在其中。

2. 减缓外部事件的冲击：争取时间和空间，找到一条明智的前进道路

在危机中，事情的发展速度非常快，人们的本能和冲动很容易占据上风。这么做很有用。如果你正在过马路，眼看着一辆车就要撞到你，你不可能坐在马路中间开始头脑风暴以找到对这种情况的最佳反应。当面对这种紧急情况时，你需要尽快离开，你的直觉会很好地为你服务。

在商业领域，大多数危机不是在几秒内发生的。它们会在几分、几小时甚至几天内展开。尽管如此，我们还是很容易看到同事们屈服于冲动，他们进入战斗、逃跑或按兵不动模式。

（1）吵架。开始责怪别人。

（2）逃离。开始转移行动，例如长时间地做分析和报告，这么做给人的感觉是你在做某事，但实际上你什么也没做。

（3）按兵不动。保持低调，希望危机能够过去，或者寄希望于其他人来应对危机。

这些都不是有益的反应。

在商业危机中减缓速度可以实现两个目标：首先，它可以让你把情绪从危机中抽离出来；其次，它可以帮助你理解到底发生了什么。它让理性取代了情感，而这是一个良好的开端。

把情绪从危机中抽离出来。

练习 33　减缓外部事件带来的影响

在最激烈的时刻，赢得时间的最简单的方法就是提问，尤其是提出开放式问题。这可以让你的同事发泄一下，让你知道到底发生了什么事。开放式问题是指无法回答"是"或"不是"的问题，例如以下几种问题。

- 你为什么这么说？
- 关于这件事，你还知道些什么？
- 对方的反应如何？
- 我们的客户 / 上司 / 同事对此有什么看法？

如果你想不出一个好的开放性问题，那么让对方"多说一点"是最受欢迎的表达方式。它是完全中性的，可以鼓励对方在你思考的时候继续说话。当别人说话时，你不要做判断，因为这很危险。用批评来对付危机，就像用煤气来灭火，有趣但不可取。指手画脚只会引发争论。

一旦对方开始冷静下来，你就可以采用第二种技巧了——改述。即用你自己的语言把你所听到的内容复述给对方听。这么做有着强大的效力：它减缓了事情的发展速度，表明对方被倾听和理解了，表明他们的恐惧得到了认可。如果你们之间有任何误解，那么你很快就能发现问题所在并能够采取行动。一旦你为自己和同事平息了局面，你就可以进入下一步：创造一些可选项。

用批评来对付危机，就像用煤气来灭火，有趣但不可取。

3. 创造选项：避免陷入二元的零和博弈局面，找到创造性的解决方案

我们总是有选择的余地，即使是那些让人不舒服的选择。如果你从事着自己不喜欢的工作，那么你每天上班时的选择就是继续做自己不喜欢的事。这可能不是你的主动选择，但它仍然是你在默认情况下做出的选择。

慢下来的关键是给自己足够的时间和空间来做出有目的性的选择，而不是默认的自动反应。即使你被困在一艘正在下沉的船上，你仍然有选择的余地，只要你能意识到这一点。

我们总是有选择的余地，即使是那些让人不舒服的选择。

2018 年 9 月，MV Nyerere 号游轮穿过维多利亚湖驶向乌卡拉岛。它最多可容纳 100 人，但在繁忙的市集之后，它的载客量远远超过 100 人。当乘客们移到船只的一侧以获得更好的视野时，这艘游轮倾覆了，超过 200 人死于这场悲剧。

当船只倾覆时，甲板下不是一个藏身的好地方。阿尔方赛·查哈拉尼（Alphonce Chaharani）是这艘游轮的工程师，事发时他正在船舱里。在这样黯淡的情况下，你还有什么选择呢？到处都有水在涌入，入口处和过道处都被想逃离的人群挤得水泄不通。

阿尔方赛并没有惊慌，也没有加入到匆忙逃离遇难船只的人群中。他平静地拿起几把钥匙，走到甲板下的一个小房间并把自己锁在里面。这不是自杀行为，而是在求生。两天后，救援人员听到船体下传来敲击声。阿尔方赛设法寻找和制造了一个气穴，这样他可以活到获救。

即使是在紧急情况下，慢下来不慌张可以帮助你做出可能挽救自己生命的选择。

练习 34　创造选项

即使是在最困难的情况下，也有两种有效的方法来创建选项：寻求帮助和做好准备。

- 寻求帮助。与单打独斗相比，作为团队成员的你能找到更好的解决方案。典型的团队建设训练是进行沙漠生存或太空生存练习。在这个练习中，你能拿到一张清单，上面列了约20件求生物品，你必须从中挑选出5件在紧急情况下可以随身携带的物品。然后作为团队一员，你再重复一遍这个练习。团队解决方案总是优于最好的个人解决方案，即使团队中没有专家。

• 做好准备。永远要有备选计划。许多挫折是可以预见的。提前知道可选项可以让你在挫折来临时更好地应对。它也会让你在执行首选计划时更有信心，这样你就不太可能去执行备选计划了。

不管你的情况如何，都要准备好备选计划。

• 如果谈判没有按照你的意愿进行，那么你的备选计划是什么？
• 如果你现在的工作或上司不好，那么你的备选计划是什么？
• 如果供应商或同事让你失望了，那么你的备选计划是什么？
• 如果你没有实现期望中的加薪、升职或项目，那么你的备选计划是什么？

备选计划可以让你远离逆境并掌控自己。花点时间审视一下你即将面临的一些可预见性的挑战。为此，你的备选计划是什么？

永远要有备选计划。

— 永远要有备选计划 —

隆冬时节，我和萨米族的驯鹿牧人拉尔斯·马蒂斯（Lars Matthis）一起在北极深处进行研究旅行。突然，冰裂开了，我的腿陷了进去。这可不太好。

北极靴由好几层组成：最里面，我穿着毛毡靴保暖；最外面，我穿着塑料靴子以防止受潮。不幸的是，一旦你掉进冰冷的水中，塑料靴子里面也会进水。潮湿的靴子很快就会变成冰冻的靴子，接着你的脚会冻成冰块。

我们离最近的救助中心有一天左右的路程。如果是你，你会怎么做呢？

拉尔斯立刻从他的背包里拿出了他在夏天时晾晒的一些干燥的草，用它做了干燥的内靴来代替毛毡。替换了几次后，一切又变得干燥了，这场危机并没有变成灾难。夏天的时候，拉尔斯为冬天准备了备选计划，结果他帮我保住了脚。

4. 采取行动：承担责任

危机时刻是领导者们挺身而出、追随者转身后退的关键时刻。这是你发光和加速进步的机会，成也快败也快。

危机时刻是领导者们挺身而出、追随者转身后退的关键时刻。

如果你想生存下去，明智的做法是避开任何风险，往后退一步，让别人去做。这么做的结果是你可能会存活下来，但那是一种脆弱的韧性思维。你的生存依赖于陌生人、同事甚至竞争对手的善意。坚强的韧性思维是指在逆境中茁壮成长，能够掌控自己的命运。好消息是，你练习得越多，这就会变得越熟练、越自然。你练习后退的次数越多，后退就会变得越自然，当你真正需要前进的时候，你就越有可能做到。

练习 35　处理危机

如何为了取得成功而处理危机？以下是你应该做的五件事。

（1）挺身而出。不要逃避危机，而是要直面危机并掌控危机。这个时刻没有人确定该做什么，每个人都害怕把事情搞砸。这是一个缺乏领导者的真空期，所以把它填满吧！这可以很简单，例如，提出解决方案并准备好把事情向前推进。

（2）获得帮助。在电影中，孤独的英雄们会获得成功，而在现实生活中并非如此。领导力是一项团队运动。所以，你要去获得建议、帮助和资源，获得支持并建立起你的联盟。不要浪费时间试图说服末日论者，而是应该关注那些愿意和有能力帮助你的人。

（3）采取行动，任何行动都可以。分析简单却无用，行动则是艰难且冒险的，人们需要从无所事事中摆脱出来。你迈出的第一步可能非常小，例如，打几个电话。你的第一步甚至有可能是错误的，但这并不重要，因为一旦你有了动力，就可以随时根据需要改变方向。

（4）扮演角色。在危机结束很久之后，没有人会确切地记得你做了什么，但他们会记得你是什么样的人。学会像领导者那样表现出自信、充满希望、目标清晰和态度笃定，因为这是人们在危机中所渴望的特质。

（5）分享荣誉。当危机结束时，你要慷慨地与他人分享荣誉。这么做会让每个人都喜欢你。如果你能够分配所有的功劳，那么你肯定就是那个领路人。你可以通过放弃荣誉来获得赞誉。

做好这五件事，把他人的危机变成你的机遇。

总　结

为了建立持久的韧性思维，你不能成为外部事件或内在冲动的受害者。偶尔，有些关键时刻会决定你的未来。在这些时刻，你需要控制住自己内心的冲动，控制外部事件，对自己的命运负责。你可以遵循以下四个步骤，充分利用生活中计划内或计划外的关键时刻。

1. 让内心平静下来：控制自己的情绪和冲动

对于计划外的关键时刻，要尽量阻止自己冲动行事。不管使用什么心理技巧，只要你掌握一个对自己有用的就行，这样的心理技巧有很多，例如，从1数到3、想象另一个人穿着粉红色的短裙等。总之，你应该尽一切可能避开那些可能会让你后悔的情绪和冲动反应。

对于计划内的关键时刻，有三种行之有效的方法。

（1）精通：你越熟练，在处理困难情况时就越容易。

（2）准备：提前准备很少是在浪费时间。

（3）想象：想象成功场景下的丰富细节。这会让不熟悉的东西变得熟悉，进而让你表现出最佳状态。

2.减缓外部事件的冲击：争取时间和空间，找到一条明智的前进道路

放慢同事的脚步，这样他们就不会冲动行事；让他们说话；多问开放式问题；通过适当的语义复述来识别出他们的恐惧。只有当他们冷静下来，他们才能理性行事。

3.创造选项：避免陷入二元的零和博弈局面，找到创造性的解决方案

集体的解决方案几乎每次都能战胜个人的解决方案，因为前者的方案会更全面，而且会得到更多人的支持；永远要有备选计划：这让你在执行首选计划时更有信心，也让你不太可能去执行备选计划。

4.采取行动：承担责任

你总是有选择的，即使是不舒服的选择。你需要挺身而出获得掌控权，不要让别人决定你的命运。

第八章

精心设定目标：使命感的力量

具有强烈使命感的个体会因为具备持续的韧性思维和牺牲精神而做出伟大的行为。顶级运动员、伟大的探险家和自由斗士都有明确的目标来驱使他们付出极大的努力。

如果工作没有给你带来意义感，那么你必须给工作赋予意义。这就是设定目标的艺术，也是本章的重点。设定目标的四个关键是：

- 建立使命感；
- 精通自己的工作；
- 在工作中建立信任关系；
- 发现自主权。

如果工作没有给你带来意义感，那么你就必须给工作赋予意义。

为何使命感很重要

也许你会想象自己在 60 岁、65 岁甚至 70 岁的时候优雅地退休。日本著名艺术家葛饰北斋（Hokusai）可不是这么想的。他创作了日本艺术领域中最著名的形象之一——《神奈川冲浪里》，现在这个作品装饰着世界各地的杯子、海报和茶巾。它显示了一个由泡沫组成的蓝色爪子一样的海浪淹没了一些船只，甚至淹没了出现在背景里的富士山。它在当时是革命性的作品。在印象派画家们诞生之前，他就已经是印象派画家了，且深深地影响了后来那些画家。

当葛饰北斋创作《神奈川冲浪里》时，他已经 70 岁了。尽管他已经学艺 50 多年了，但这并不是他职业生涯的巅峰，而是一个开始。

他说："我在 70 岁之前所做的一切都不值得我操心。在 75 岁的时候，我将学会一些绘画自然、动物、植物、树木、鸟类、鱼类和昆虫图案的方法；当我 80 岁的时候，你会看到我真正的进步；在 90 岁的时候，我将深入探索生命本身的奥秘；到 100 岁时，我将成为一个了不起的艺术家；在 110 岁的时候，我所创造的一切——一个点、一条线——都将展示出前所未有的生动性。

葛饰北斋对艺术有着强烈的热情。他最后的遗言是要求再画几年。实际上，他临终前的遗憾是，他没有花足够的时间待在办公室。他要求他的墓碑上刻的墓志铭是 "Gakyo Rojin Manji"——一个痴迷于绘画的老人。我们中没有多少人想要在自己的墓碑上刻类似"这个老妇人对记账很着迷"的字样。

职场的挑战在于使命感、激情、动力和承诺。大多数公司都喜欢追求激情。可口可乐（Coca-Cola）、基因泰克（Genentech）、阿迪达斯（Adidas）、家乐氏（Kellogg's）、宝洁（P&G）、西南航空（Southwest Airlines）等公司都将"激情"作为公司的核心原则之一。显然，热情比冷漠要好得多。

使命感和激情是那些在逆境中表现出极强韧性思维者的标志。

尽管公司需要激情，但它们往往不鼓励个体产生激情。20世纪的公司以可衡量的效率和可预测的流程为基础，有着稳定的节奏和日程。虽然这是非常有效的方法，但它把员工变成了机器上的齿轮。当人类成为人力资源管理的资源时，人类就不再是人类了，因为人性常常败给 HR 手中的资源。

你不能命令人们充满激情。

你可以找到无数关于如何激励他人的书籍和理论，其中很多是非常好的。但韧性思维的挑战在于，你要找到在长达 40~50 年的职业生涯中能帮你维持动力的东西。如果你依赖于上司或公司的激励，你就无法掌控自己的命运，你也可能会感到失望。尽管 68%的经理认为自己善于激励他人，但只有 32% 的团队成员同意这一点。不要指望你的上司会激励你，动力来自你自己，而不是你的上司或你的公司。

动力来自你自己，而不是你的上司或你的公司。

个人动机有两种：外在的和内在的。看看表 8-1 的清单，想一下什么最能激励你。

表 8-1　外在动机与内在动机

外在动机	内在动机
钱、车和房子	亲密的关系
晋升	个人成长、经验
名誉	健康和好身材
受欢迎	自主、自由和选择

很可能所有这些动机都在一定程度上激励了你。你在工作中的动力可能与你在家庭生活中的动力不同。

外在动机与快乐和痛苦相关。你可能承诺给自己一些奖励，例如，享受很棒的假期、品尝美味的食物、买一所大房子和一辆名车。这些对快乐的憧憬都是你努力工作的动机。公司的薪酬和奖励机制将推动你实现这些目标。

但是这种外在动机是毫无用处的加速跑步机。无论跑得多快，你永远也追不上自己的梦想，因为梦想总是比你跑得更快。这就是"快乐跑步机"（也称"享乐适应"）的问题所在。你总能买到更好的房子、更好的车或享受更好的假期。更糟糕的是，你认识的人中总有人比你拥有更好的房子、更好的车或更好的假期。"快乐跑步机"是一场你永远赢不了的比赛，你永远不会有足够的钱和物品来改变幸福和满足的水平。

外在动机是毫无用处的加速跑步机。

外部激励也可能是消极的来源。例如，投资银行里充满了才华横溢、干劲十足的人。他们像赚钱机器一样工作，他们被驱使着为银行和自己赚钱。这也是一个竞争激烈的环境，净资产定义了你的自我价值，金钱、成功和自尊都是紧密联系在一起的，你的表现受到严密监视。在一家银行，在满分 10 分的情况下，如果员工的年度评估得分的平均分为 9.8 分，那么 9.7 分的人可以留下来，9.5 分的人则意味着其在那里的工作即将结束了。

我惊讶地发现，有一位银行员工在收到 25 万美元的奖金后勃然大怒，他愤怒地咆哮着。那 25 万美元不会改变他的生活，甚至不会改变他那一年的生活，它并不那么重要。重要的是，他的一些同事获得了更高的奖金。金钱成了他的耻辱之源，成了他上当受骗的证据。由此可见，金钱可以激励人，但也会使人失去动力。

社交媒体为我们创造了一种新的"快乐跑步机"，我们从朋友和陌生人那里寻求无尽的点赞和肯定。Facebook 的创始人兼前任总裁肖恩·帕克（Sean Parker）明确表示，他的目标是"尽可能多地消耗用户的时间和有意识的注意力"。方法很简单："我们需要每隔一段时间给用户一点多巴胺，因为有人点赞或评论了他发布的照片、帖子或其他东西。"这将促使用户贡献更多的内容，进而让他们得到更多的点赞和评论。这是一种社会认同的反馈循环……

正是像我这样的黑客会想出的东西，因为你在利用人类心理的弱点。"他正在设计一种上瘾机器，就像所有上瘾一样，短期的打击只会导致更多的需求，大脑总是渴望得到更多的多巴胺。

金钱可以激励人，但也会使人失去动力。

有证据表明，外在激励因素和丧气因素的保质期都很短。例如，你拿到奖金，把钱存进银行，那一刻就过去了。有一项经典的研究，调查对象是中了彩票的人和瘫痪的人。不可避免的是，两组人的生活满意度都有短暂的上升或下降。然后该研究得到了意外的结果：不到一年，彩票中奖者的生活满意度就回到了起点，瘫痪者也有望恢复到他们之前的心理健康水平。类似的研究还显示，女性在离婚、丧偶、生孩子和失业后的一段时间都会恢复到之前的心理健康水平。男性失业确实会对幸福感造成长期冲击，因为他们的身份和价值与工作更紧密地联系在一起。

幸福和动机似乎是由内在因素驱动的，而不是外在因素。你不能依靠薪酬、好运、社交媒体上获得的点赞和对物质财富的追求来长期维持你的生活。如果这样，你就会像一头追逐挂在鼻子前的胡萝卜的驴：无论跑得多快，你永远也不会实现目标。你必须向内看才能让自己的旅程持续下去。好消息是，你内心的旅程不仅更便宜，而且在你自己的控制之下。

幸福和动机是由内在因素驱动的，而不是外在因素。

享乐的"奴隶们"

　　咨询公司需要勤奋、忠诚和有经验的员工。于是公司开始招聘年薪 6 万英镑左右的工程师。经过 6 周的培训后，他们被年薪 30 万英镑的客户聘用，得到的年薪为 10 万英镑。每个人都很高兴，只有客户除外。

　　很快，工程师和他们的家人就适应了新的收入水平。

　　慢慢地，公司提高了对工程师的要求，甚至减缓了工资上涨的速度。他们发现自己工作更努力，用于社交的时间更少了。可疑的道德要求开始出现。工程师们保持沉默，继续工作。他们知道自己在其他地方得不到更高的工资。他们也知道，他们的家庭将很难适应原来的收入水平。他们被困住了，他们的公司也知道这一点。

　　一旦你迷上了香槟和鱼子酱的生活方式，就很难再回到啤酒和汉堡的生活。在这一点上，你找不到自由，你会发现自己是薪水的"奴隶"。

　　外在动机和内在动机之间的斗争并不新鲜。哲学家亚里士多德在近 2500 年前就写道：

　　"幸福更多地属于那些最大限度地培养了自己的性格和心智，并获得了适度的外部财富的人，而不属于那些设法获得超出自身能力的外部财富却缺乏精神财富的人。任何过量的外部财富都会给它的拥有者带来伤害，或者，至少是不会给他带来任何好处。"

科学正在慢慢赶上那些早已被人类所知却又常常被遗忘的东西。现在的研究不断表明，追逐外在目标会导致人们产生较低的生活满意度，而且从长远来看，与追逐内在目标相比，追逐外在目标更难以实现。现在是时候追随亚里士多德的步伐，看看我们是否能获得一些"灵魂商品"了。

在工作中产生内在动机的四大支柱

动机的一个特征是它是内在的。你因为喜欢而做某事。工作和休闲这两个概念很少是紧密相连的。但我们已经看到，当它们联系在一起时，就像葛饰北斋表现的那样，韧性思维是一种自然而然的结果，你持续前进，因为你想这么做。

公司不遗余力地研究如何激励员工。企业渴望员工产生动机，这与企业对节约成本的需求是相契合的。财务部门通常是赢家，它用 1000 种创造性方式去切割薪酬和福利，让企业付出最少、得到最多。虽然办公室被重新设计得很时髦，但是越来越多的办公桌被塞了进去。企业鼓励灵活办公，但不知何故，这个"灵活"变成了全天候随时待命。如何用更少的钱激发员工更多的动力，这是企业面临的一个永无止境的挑战。

如果你的动力来自公司，你会感到失望。即便是那些努力为提升员工的敬业度提供最时髦、最新尝试的公司也面临着困境。谷歌员工的平均任期只有一年多，而 eBay、高通和苹果的员工平均任期都在两年左右。这使得它们在这个数据上位于财富 500 强企业中的倒数 1/10 之列。

依靠公司为你提供工作和奉献的动机是一种受害者心态：你让自己的精神状态被其他人所决定，这些人可能把你的最大利益放在心中，也可能没有。若想保持 40~50 年的工作动力，那么这份动力必须来自你自己的内心。

在工作中产生内在动机的四大支柱是：[1]

- 使命感；
- 自主权；
- 人际关系；
- 精通。

你可以用这四个支柱来支持自己的成长，也可以用它们来支持你的团队成员的成长。

构建这些支柱的途径就是精心设计自己的工作。你把现有的

---

[1] 这是标准自我发展理论，要加上"目的"这个支柱。

角色精简到最基本的部分，然后重建它，使它更清楚地符合你的需要。这涉及现状和观念。你或许可以在某种程度上重塑或重新关注自己的角色，你也可以用不同的方式思考自己的工作。通过改变现状和观念，你可以极大地改变对自身角色的投入。提高参与度是获得更优表现的途径，更好的表现和更高的参与度能让你保持韧性思维。

找到工作的意义感和使命感

我们已经看到，强烈的使命感可以驱使人们在很长一段时间内持续做出非凡的努力。葛饰北斋一直工作到去世，享年 89 岁。在 2019 年，我们仍然有可能看到赫伯特·布洛姆施泰特（Herbert Blomstedt）在世界各地指挥大型管弦乐队。他在舞台上动作缓慢，但当你 92 岁时，你有权稍微放慢点脚步。一站上指挥台，他就充满了活力，对自己追求了 60 多年的事业表现出极大的热情和愉悦之情。

75 岁的米克·贾格尔（Mick Jagger）仍在昂首阔步地与滚石乐队一起开着世界巡回演唱会，唱着"这可能是最后一次"，并希望这不是最后一次。但是，如果你在一家生产零食或提供会计服务的公司工作，或者你整天都在清洗厕所，那你怎么才能有使命感和激情呢？

在遥远的过去，有一个关于三个石匠的古老而又广为流传的故事。当被问及在做什么时，三个石匠给出了不同的回答：

- "我整天都在凿石头。"
- "我正在用手艺建造一座建筑。"
- "我在为上帝的荣耀而工作，正在建造一座大教堂，我的工艺和技艺将在我去世后长久地受到人们的敬仰。"

你能把工作或事业转变成一种使命吗？

700 年前，没有心理学家在现场评估这三个石匠的思维韧性和动机。你可以自己判断谁是最投入的。他们都做着同样的工作，但他们看待工作的角度却完全不同。第一个人把它视为工作，第二个人把它视为事业，第三个人则将其当成使命。他们通过为工作创造使命感和意义感，提供了一个简单的精心设计工作的案例。你是整天都在凿石头，还是在建造令人羡慕的历史遗迹？你能把工作或事业转换成一种使命吗？

使命感的力量

真正拥有使命感可能会拯救你的生命。维克多·弗兰克（Victor Frank）是一名神经学家和心理学家，他在第二次世界大战期间被关进了集中营。所幸的是，他生存了下来，这段经历让他形成了自己的观点。他观察到，那些具备使命感和意义感的囚犯

比其他囚犯更有可能生存下来。用他的话说："人可以被拿走任何东西，但有一样东西除外，这就是人类最后的自由——你有在任何特定环境下选择自己的态度和道路的自由。"

即使在最极端的情况下，我们仍然可以选择做出何种反应。

密歇根大学（University of Michigan）的艾米·沃热斯涅夫斯基（Amy Wrzesniewski）教授决定搞清楚员工认为自己拥有的是一份工作、一份职业还是一种使命。作为一名学者，她研究了她所在机构的工作人员和她同事所在机构的工作人员。第一个发现并不令人意外，即地位较高的员工更有可能认为自己具有使命感。如果你是教授，显而易见你是有使命的。因此，她更进一步研究了一个地位较低的群体——管理员。令她惊讶的是，即使是这个群体，认为自己拥有一份工作、一份职业、一份使命的人数也大致是均分的，这说明你可以用完全不同的方式来看待和体验同样的工作。

为了搞清楚如何将工作转变为使命，我们将要去拜访曾在一家医疗中心做过门卫的杰森（Jason）。外科医生就像上帝，护士就像天使；而门卫就像墙纸，在正常情况下，你甚至都不会注意到门卫。门卫的工作时间通常不允许他们有社交活动，因为医院是全天候运转的，而且门卫的工资很低。低工资、较长的工作时间和低下的社会地位，这些会让人们在设计工作使命感时相当没有动力。

杰森认为，他的工作不只是拖地和清理。他看到病人们常常很焦虑，很多人很孤独，因为他们很少有访客。他在工作中学会了对病人进行评估：一些人想要独自思考，另一些人想要和别人交谈，还有一些人只是想要一个微笑而已。他开始和病人交流，病人也开始和他交流。当病人注意到杰森的微笑给他们的生活带来了一缕阳光时，杰森开始得到对方的赞美。

就像中世纪的瓦匠一样，杰森正在重新定义自己的工作：他不只是在拖地，而是在帮助病人，他正在从清洁工向治疗师转变。这样做，他不仅找到了使命感，还得到了那些乐于见到他的病人的支持。

杰森并不孤单。医院所有的工作人员聚在一起表演了一场狂野而精彩的"粉色手套舞"，以提高人们对乳腺癌的认识。

精心设定目标的方式就是要超越眼前的任务。如果你必须向一个五岁的孩子描述你的工作，你可能会说："我花时间和别人交谈，写电子邮件，在电脑上工作。"这个任务清单容易理解，但并不鼓舞人心。事实上，即使是最光鲜亮丽的工作，也包含相当一部分枯燥乏味的日常工作。

即使是最光鲜亮丽的工作，也包含相当一部分枯燥乏味的日常工作。

即便在高层管理者中，我也会遇到一些厌倦了例行公事的客户。有一位知名的专门受理诽谤类案件的律师，他非常成功且富有。多年来，专注和专业为他带来了成功，也带来了厌倦："每个案例基本上都是一样的，我希望自己能做一些不同的事情，而不是每天都要应付这些庞大而脆弱的自我。"更简单地说，一位市场营销高管曾哀叹道："我做打包优惠券已经有 25 年了。我再也不想看到任何一个打包优惠券出现在我的生活中！"在外人看来，这些人似乎象征着成功和魅力，但从他们的内心看，他们认为自己的工作枯燥乏味。

最高使命感

一场盛大的招待会在雅加达举行。有些人喜欢这些与人交往的机会，而我却害怕与陌生人闲聊。当我混在其中时，恰好碰到了一个身边没有人的宾客。于是我做了自我介绍，并问他是做什么工作的。

他回答说："我的工作是促进国家的繁荣。""那会是什么工作呢？"我在内心问自己。

经过进一步攀谈后，我获知他是印度尼西亚某银行行长。这是一个高技术含量和需要考虑细节的角色，但同时也是一个非常政治化的角色，受到公众的密切关注。这是一份压力很大的工作，需要具备极强的韧性思维能力。但他思考工作的方式给了他明确的使命感和意义感，这体现在他给工作带来的能量和活力上。

值得赞扬的是，他原谅了我笨拙的自我介绍。后来，我们一起成功地帮助银行完成了角色的转换。无论职位高低，在你的角色中找到工作的意义是至关重要的。

在当前的任务中寻找意义感和使命感就像在大雾中寻找烟雾信号，这是徒劳的；相反，当你开始寻找使命感时，要去了解你正在帮助谁以及你帮助他们实现了什么利益。在医院工作的那位清洁工看到的是：他在帮助人们康复。而很多高管除了每天单调的例行公事外，什么也看不见。

当你能理解工作的终极使命时，你就能在其中找到意义所在。例如，电话筹款是一项艰难的工作，你想通过打电话来募款。在一个简单的实验中，研究人员发现，美国一所大学在为某个奖学金项目筹款时发现，与没有和受益人交谈的筹款人相比，那些与受益人交谈了 5 分钟的筹款人在两周内的筹款额提高了 50% 以上。筹款不再只是为了实现一个目标，它变成了一种帮助他人的方式。

当你的上司是一个"算法程序"时，他就是一个"暴君"，会榨干你的每一分钟。这是许多快递行业工作者的命运，这是一场与时间的不停赛跑。那么作为快递行业的一位货车司机或调度者，你如何找到这份工作的使命感和意义感呢？联邦快递创造了著名的"黄金包裹"（Golden Package）概念。这是一个有可能拯救或改变接收者生命的包裹。联邦快递在 2007 年投放的一则著名广告是这样说的："无论如何，它必须被安全送达。"但是，快递员不知道哪个包裹是黄金包裹，所以每个包裹都必须被当作黄金包裹来对待。联邦快递的员工的平均任期超过 6 年，这或许并不令人意外。

你有必要去了解自己真正的使命是什么。我与 NHS（英国国家医疗服务体系）和私立医院的护士都交谈过。NHS 的护士们感到不堪重负，她们觉得自己工作过度，行政管理过度。她们有自己的使命，但却被行政管理和超负荷的工作淹没了。尽管如此，公共服务机构的气质却截然不同，与私立医院有关的任何事情都不受欢迎。然后，我问私立医院的护士们，她们为什么要放弃公立医院，尤其是在工资差别不大的情况下。"很简单，"一名护士说，"在这里我们实际上有时间照顾病人，而不只是在填表格。在私立医院，我可以成为一名护士，而不是填表员。"

韧性思维画像：使命感的力量

自全球金融危机爆发以来，银行家一直是公众的头号敌人，公众对他们的厌恶程度甚至超过了政客、房地产经纪人和二手车经销商。那么，银行家们憎恨谁呢？答案相当一致，他们都讨厌自己的风险评估员。风险评估员会很扫兴地阻止银行家们进行不可靠的交易，这些交易能让你在今年获得巨额奖金，而在交易失败后将耗费银行的大笔资金。如果你的同事都不喜欢你的工作，那你怎么能在这样的环境中生存几十年呢？

苏格兰皇家银行（RBS）风险评估主管戴维·斯蒂芬（David Stephen）承认这是个挑战："在本行业，多数人想要得到更多、获得更多的利润、进行更多的交易，我是唯一想要减少这些事的人，那意味着更少的风险。"但他的看法是积极的："由于金融危机，西方国家 10 年来一直在抑制经济增长。这造成了巨大的痛苦，人们失去了工作和房子。我的工作职责是确保我所工作的银行不会倒闭。我认为自己是银行的首席问题解决官。你必须忠于自己所信仰的价值观。"

如果你的工作就是没完没了地对同事说"不",那么你会发现自己很难保持长久的热情。如果你认为自己的工作是寻找解决方案,是要帮助银行和整个社会实现繁荣,那么你更有可能长期坚持这份职业。

和所有具备韧性思维的领导者一样,戴维的韧性思维是多维度的。在面对风险时,你需要韧性思维,因为你很容易因为别人犯的错误而被解雇,因为你没有组织他们。在职业生涯早期,戴维选择向外拓展和做出明确的选择,这让一切变得不同,因为"你知道自己可能会被解雇,你的照片会出现在第二天早报的头版,当这些事发生时,我认为明天就是下一个冒险的开始"。在逆境中知道自己的选择很重要,甚至当你起床的时候它也很重要,用戴维的话说就是:"每天早上你都可以选择起床时是'开心先生'还是'坏脾气先生'。"

当然,找到目标和使命感的简单方法就是加入一个组织,该组织的任务能够让你投身其中。个人和组织任务之间的高度一致性是获得良好表现和高度韧性思维的良好起点。这就是 Teach First 的精髓所在。该公司目前是英国最大的毕业生招聘机构,其相关组织遍布全球 40 多个国家。乍一看,Teach First 的招聘方案可能是校园招聘中最没有吸引力的,与顶级银行或咨询公司相比,Teach First 提供的薪水低很多,但员工付出的劳动却一点也不少。但这个岗位与金钱无关,它关乎使命感。它不仅是一个教学的机会,也是改变他人生活的机会。对于世界上最优秀、最聪明的那些毕业生来说，这是一个极具吸引力的命题。

有使命感会帮助你坚持到底。

同样，武装部队、教会和大部分公共部门提供了使命感和任务。你可以加入一个有你喜欢的任务的组织，以此来找到自己的使命感，或者你可以在任何工作岗位上精心设计自己的工作使命感。不管怎样，有使命感会帮助你坚持到底，并让你持续保持良好的表现。

在大街上寻找使命感

伊恩·维格勒沃斯（现在是勋爵）正在英格兰北部的斯托克顿市进行竞选活动。他是一个受欢迎的议员，但其所处的政党却不受欢迎，所以他面临着再次当选和保住工作的斗争。许多人来找他，感谢他的工作。他赞扬了他遇见的每个人。不管人们做什么工作，伊恩总能找到一种方法，对他们所做的工作表示感谢和钦佩。伊恩懂得赞美的力量。

一个男人走过来，感谢伊恩帮他解决了生意上的一个问题。他是一家当铺的老板。

这是一个有趣的时刻：你如何表达对一个当铺老板的钦佩之情？在通常情况下，当铺老板被视为在人们最需要帮助的时候剥削他们的人。伊恩眼皮都没眨一下，说道："好极了！典当行是最早的'银行'。你们发明了银行。直到今天，你们还为那些被银行拒之门外的人提供类似银行业的服务和支持。你们的服务至关

> 重要!"
>
> 伊恩在说话时,当铺老板显然得意扬扬。伊恩又赢得了一张选票。他最终在 6 万张选票中比对手多得到了 103 张(经过三轮重新计票),最终赢得了选举。
>
> 在自己的使命感中寻找值得自豪的地方,同样也为其他人的使命感寻找那份自豪。

练习 36　找到工作的意义感和使命感

最终,所有的工作都以某种方式使他人受益。这个练习旨在帮助你找出你的工作如何使其他人受益,以及受益者是谁。知道自己能有所作为是对自我的一种激励,能促使你尽可能地把事情做好。这是让你精通一件事的道路,也是让你保持动力的源泉。

你的工作如何帮助别人呢?

获得自主权

我曾去过伦敦的谷歌工程中心。那里的工作环境符合很多人的期待:装修精美、时髦,还有轻松的工作氛围。员工在工作方式和时间上有很大的自由,这似乎是一个放松的地方,而不是一个工作场所。我去了厕所。每个便池前面都有一张装裱好的 A4 纸,贴在人们头部高度的位置。A4 纸上的内容是如何识别和修复代码中的错误指南。我不了解这张指南的技术含量，但我完全了解它的文化内涵。它传递了一个非常简单的信息：无论你是谁、你在做什么、你在哪里，永远不要停止思考你的工作。这个标志还提出了一个有趣的挑战：如果你无法很好地完成多个任务，那么它会立即带来不幸的后果。

伟大的自由带来伟大的责任。

关于 21 世纪新兴工作的本质，谷歌的厕所传达出一个更广泛的信息：你可能有自由，但伟大的自由带来伟大的责任。这与过去相比是一个巨大的变化。以前，员工和经理都是机器上的齿轮。经理的工作是从上向下传递命令，然后再从下向上传递信息。这就是命令和控制的本质，公司传承了军事组织的运作方式。但是如今，世界已经改变了，信息已经被释放，不再上下流动。管理者不再是信息和命令的传递者，他们必须是决策者、问题解决者和领导者。他们比以往任何时候都有更多的自主权。但随之而来的是，他们有责任控制局面，把事情做成。与自由一样，自主不是免费的午餐。

与自由一样，自主不是免费的午餐。

大多数人都希望得到自主和自由，即使这意味着旧家长式作风世界的确定性和安全性已经被不确定性和不安全性所取代。雇主们已经失去了他们的强制力，我们现在可以选择在哪里工作和要做什么工作。

能够自由选择是韧性思维和优良表现的关键部分。我们选择去做某事，与被告知要去做某事相比，前者更有可能让我们长期坚持下去。例如，如果你被告知必须每天早上 6 点起床跑 5 千米，那么你可能会反对，即使你被告知这对健康至关重要。但如果你自己选择这样做，因为你喜欢公园里的宁静，珍惜在那里的思考时间，那么你更有可能坚持多年并将持续下去（就像我一样）。当条件反射式的选择变成了条件反射式的习惯时，你就可以无限期地坚持自己的选择。

即便是习惯于通过法规和法治来执行决策的政府，也开始认识到强迫他人的局限性。2010 年，英国政府成立了行为推动小组（The Nudge Unit），研究如何劝导人们做出某些行为，最终通过降低福利账单、提高税收和减少犯罪来造福自己和社会。它带来的部分影响包括：

- 东苏塞克斯的超速违章行为减少了 20%；
- 顶尖大学录取的来自弱势群体和学校的学生人数增加了 34%；
- 鼓励超过 10 万人注册成为器官捐赠者。

通过强迫的途径来实现所有目标是困难的。"行为推动小组"

的神奇之处在于，它为公民找到了一种构建选择框架的方式，让他们自主做出自己想要的选择。

自主和选择是所有工作的未来。一个汽车工厂的运作模式是自动化生产，而不是自主化生产。从历史上来看，生产线上无情的压力意味着，人类只不过是与生产线步调一致的稍微不可靠的机器，或者说人类是机器的一部分。

如果你去位于索利哈尔的路虎工厂周围走一圈，你就能看到时代是如何变化的。每个工作台附近不仅有工人，还有巨大的图表，他们维护这些图表，图表详细描述了工作台各个方面的表现。工作人员会定期检查自己的表现，看看如何改进。这就是革命。在过去，管理者管理绩效，管理者和员工之间往往存在高度对抗的文化。如今，通过把控制权交给一线员工，路虎给了员工自主权。其结果是企业在生产力、产品质量和公司文化方面均发生了转变，员工和管理者现在为了共同的目标而一起工作。[1]

自主权的信息正在传递给各个管理者。当老板们被问及他们真正想从团队成员身上得到什么时（而不是在公司的正式评估系统中记录下什么），他们给出了对员工的五大预期：

- 可靠性；

---

[1] 其他许多方面也必须改变：全面质量管理、自动化、JIT 和精益生产、深度培训和使用数据的新方法，这些都在转型中扮演着重要的角色。

- 辛勤工作；

- 积极主动性；

- 野心；

- 忠诚。

在某些地方，未来有姗姗来迟的习惯。

这是一组有趣的预期，其中三个预期非常传统：可靠性、忠诚和辛勤工作。这样的预期可能直接来自 19 世纪的管理者。如今，你可能不想让上司告诉你，你该做什么。这很好，因为自主的时代已经真正到来了，尽管在某些地方，有一些管理者和公司仍然停留在过去。

自主化之所以在路虎和其他公司崛起，并不是因为公司想对员工友善。这件事之所以发生，是因为它对保持高绩效至关重要。你认为在什么样的环境下能够长期保持优良表现呢？

- 20 世纪的职场：命令和控制，叫你怎么做你就得怎么做，几乎没有自主权、自由或责任。

- 21 世纪的职场：自我控制、高度自治、自主权和责任感。

20 世纪的职场模式使人们能够多年保持适度的表现。这是一种非常脆弱的韧性思维：你得以生存下来，而不是茁壮成长。21 世纪的职场模式鼓励并使你能够长期保持优良的表现，这就是强大的韧性思维形式。

练习 37　获得自主权

获得自主权与渴望自主权并不同。你有三种方法来获得自主权：

（1）选择你所处的环境；

（2）争取权利；

（3）主张权利。

（1）选择你所处的环境。并不是所有的公司或管理者都信任自主权，有些人更喜欢 19 世纪而不是 21 世纪的管理方式。低自主权的组织往往存在着官僚主义，工作由流程所驱动。呼叫中心员工就是一个极端的例子，他们按照写好的脚本提供语音服务。你可能面临着正中靶心的压力，但你不必考虑太多。理解你所做的选择，并准备好接受它。

（2）争取权利。自由和自主权必须先争取才能被给予。人们对角色的要求越高，获得权利所需的时间就越长。皇家海军陆战队必须在 15 个月的训练中证明自己，医生在完全合格之前将接受大约 10 年的学习（取决于他们的专业）。无论你做什么，在你被赋予自主权之前，你必须展示出自己已经精通了这门技能。学习和精通是通向自主和自由的道路。

（3）主张权利。光努力做好是不够的，你还必须证明自己的工作很出色。然后你需要主动争取角色和任务，在这些角色和任务中你可以自主地练习你的技艺。如果你等待世界认可你，那么你可能要等很长时间。在家长制的旧世界里，公司会照顾你；而在自治的新世界里，你必须自己照顾自己。

如果你等待世界认可你，那么你可能要等很长时间。

发展支持性人际关系

第五章详细讨论了支持性人际关系的重要性。从精心设计工作的角度来看，这里的挑战在于确保你与正确的人建立了正确的关系。如果你是一个成功的个体经营者，那么你可以通过选择客户来做到这一点：你只和想要合作的人一起工作。我们中的大多数人都不能挑挑拣拣。我们选择同事就像选择家人一样，是别无选择的。

实际上，你可以通过选择加入的公司来改变你所选择的同事。正如雇主越来越多地根据求职者的价值观来筛选员工一样，你也应该根据企业的价值观来加以筛选。要做到这一点，第一步就是要忽略企业对外宣称的价值观，这是一套公式化的词汇，目的是让公司的年报好看，并让非执行董事有话可谈。公司的真正价值观取决于员工认为没人监视他们时的行为。你可以通过与员工、前员工、供应商和客户交谈来发现该公司的价值观。你需要尽全力做好调查工作，因为你的职业取决于它。

公司的真正价值观取决于员工认为没人监视他们时的行为。

在公司内部，你可以通过选择适合的领域来把控人际关系。在一个充满自主权的时代，你的任务是掌控自己的命运，确保自己避开不符合预期的上司。这意味着你不必等待人力资源部门把你分配到企业需要填补的空白处。你要积极地寻找想为之工作的上司，让自己对其有用。

练习 38　发展支持性人际关系

如果你想在职场发展支持性人际关系，你就必须找到正确的工作环境。这意味着：

- 选择正确的公司；
- 选择正确的上司；
- 选择正确的项目。

这些都是很难做出的选择，因为你可能缺乏做出正确选择的知识或能力。但是，最终，只有你才能对自己的事业负责。

变得精通

没有能力的人是无法具备韧性思维的。我们不能在做不到的事情上持续努力。我可能喜欢独自驾船环游世界，但离开港口前我就放弃了，因为我不懂得安装船帆、打结、看航海地图，以及任何与航海有关的事。

没有能力的人是无法具备韧性思维的。

无论是演奏技艺精湛的音乐家，还是在巅峰状态下参加比赛的运动员，真正精通某事的人能够化繁为简。问题是，我们没有人一开始就精通自己选择的技艺。那么，当我们一开始没有掌握这门技艺的时候，如何在通往精通的道路上建立起韧性思维呢？答案就是让这段旅程本身就具备价值。当你把学习和自主性联系起来，你就有了一条通往精通的道路。

葛饰北斋的一生显示了旅程的力量。他子承父业，一开始是镜子制作商。之后，他转行从事艺术和版画创作，并花了超过75年的时间学习和改进他的技艺。即使在弥留之际，他也知道自己还没有完全精通此艺。葛饰北斋无止境的韧性思维来自一种强烈的求知欲，他的旅程和目的地一样重要。

很明显，葛饰北斋热衷于学习和精通这门艺术，这一点很重要，因为你只擅长你喜欢的事。"享受"这件事不是锦上添花，而是必须拥有。在任何事情上做到优秀都需要时间和努力。马尔科姆·格拉德威尔（Malcom Gladwell）普及了这样一个概念：精通某事需要1万小时的刻意练习，而"刻意"意味着你在不断挑战自己的极限，你需要通过教练的指导或其他结构化的学习方式进行有意识的学习。这条规则通常适用于结构化的和稳定的活动，如体育、国际象棋或医学。

管理工作则模糊得多，这使得精通这件事变得更加困难，更加需要管理者深思熟虑。同样，进行结构化实践也更加困难。要想在一个无组织的世界中获得成功，你就需要付出大量的自主努力，你必须不断超越工作对你的直接需求。当需要时，所有的专业人员都可以在一段时间内保持高度的努力。但是，在 75 年的时间里，葛饰北斋创作了惊人的 30 000 部作品。只有当他享受自己的工作、享受自己的大师之旅时，他才有可能在这 75 年里保持高水平的努力。

将精通之路当作一段旅程是具备韧性思维的关键。如果我真的想单枪匹马地环游世界，我不会跳上一艘船就出发。我必须先去做一名学徒，慢慢积累所有的技能和经验，以完成这项冒险事业。快乐就在学习的过程中。在每一个阶段的学习旅程中，你必须适度地设置自己的目标。目标太高，你会无法承担；目标太低，你就什么也学不到。只有不断地、适度地拓展自己，你才能不断地学习，但不要让自己无法承担。

我将在第九章中详细介绍这个学习过程。值得注意的是，对于你的职业生涯来说，这是一段没有终点的旅程。无论你在 25 岁的时候精通了什么技能，到你 65 岁的时候，这个技能都会变得无关紧要或过时，所以你必须持续学习与成长。这种成长能使你适应这个不断变化的世界，并在其中茁壮成长。

仙女液（Fairy Liquid）是英国最主要的洗涤剂品牌。它比竞争产品贵得多，而且被定位为一种优质产品。

当我在苏格兰北部出售仙女液和其他洗涤剂时，我发现自己对仙女液产生了浓厚的兴趣。我从一个城镇来到另一个城镇，我开始注意到大约有一半家庭在厨房摆放着一瓶仙女液。我想这可能是一种新的苏格兰传统，就像穿苏格兰短裙和吃传统美食一样。

最终，谜底被揭开了。购买仙女液表明你关心家事，你把自己的屋子收拾得井井有条。这是一种精通家务的标志，你乐于保持高标准。如果你买了一个便宜的竞争产品，那么它会传达出错误的信号，这样你就会把便宜的洗涤剂藏在厨房的水槽下面。

精通家务意味着你为做好家务而感到高兴、自豪，精通和自主齐头并进。如果你是一个被迫整理卧室的青少年，你既没有自主权也没有控制力，结果是卧室稍微整洁了一些，而你成了一个脾气暴躁的青少年。

精通和自主可以帮助你保持优良的表现，甚至是做家务这件事。

在团队中建立内在动机

如果你没有动力，也不要指望你的团队成员能有动力。

作为一名管理者，你需要内在动机。如果你没有动力，也不要指望你的团队成员能有动力。但是你同样需要帮助团队成员找到其内在动机。简单地告诉他们要有动力，或者做一些鼓舞人心的演讲是行不通的。要想获得内在动机，请使用本章概述的原则：专注于使命感、自主权、人际关系和精通。

最好的管理者几乎会把所有的事情都委派出去。

练习 39　在团队中建立内在动机

作为管理者，你可以关注内在动机的四大支柱，以此来帮助你的团队。

（1）使命感。告诉团队成员，他们所做之事是有意义感和使命感的。将团队与客户联系起来，这个简单的行为可能会带给你启发。

（2）自主权。专业人士渴望获得自主权，所以给他们自主权吧！尽可能多地把任务委派出去。如果你问自己能委派什么，答案是"不多"。相反，问问你不能委托的事情，答案还是"不多"。最好的管理者几乎会把所有的事情都委派出去。这是在告诉团队成员你信任他们，大多数团队成员都非常渴望表现出色，不辜负你对他们的信任。

（3）人际关系。研究表明，在团队中得到最高评价的上司有一件事做得非常好，即他们表现出关心员工和员工的职业生涯。在这方面投入时间和精力，管理者就有了与每个团队成员建立良好关系的基础。

（4）精通。你可以通过两种方式帮助团队精通某事：第一，把有挑战性的任务委派给团队成员；第二，当他们寻求帮助时，不要告诉他们该做什么，而是指导他们，帮助他们自己发现答案。让他们学会依靠自己而不是你，这会帮他们建立自主权并精通某事。

如果你的团队成员有很强的使命感，有相互支持的人际关系，每个团队成员都因为被信任而获得了高度的自主权，并且都在通过做有挑战性的任务而学习精通某事，那么你的团队很有可能会表现出色并具备很强的韧性思维。

总结

外在动机，如薪酬和奖励、追求更多的物质财富，或从社交媒体中获得多巴胺，都是一种毫无意义的"快乐跑步机"。你所追求的永远不会让你感到满足。

内在动机才能帮你建立起持久的韧性思维，这是你本身就想要去做的事情，而不是为了追求次要的目标（如金钱、权力或名声）而去做。内在动机的四大支柱是使命感、自主权、人际关系和精通。

- 使命感。无论你是门卫还是银行行长，你都能在无趣的日常工作中找到更大的使命感。关键在于要搞清楚谁会从你的工作中受益，以及如何受益。每个人都会对这个世界产生影响，包括你自己。

- 自主权。由命令和控制主导的旧世界产生了遵从性和较弱的韧性思维，在这种情况下，平庸的表现可以让你在职场存活下来。然而，在一个有自主权的世界里，你有更多的自由、更多的责任、更多的选择和更多的不确定性。这是一个表现良好的世界，在这里你需要找到自己喜欢的环境、工作、公司和同事，以便让自己能够茁壮成长。更关键的是，你需要找到能让你发挥特长的工作，这份工作能让你打造自己的强项，而不是暴露弱点。

- 人际关系。找到支持性文化和支持性人际关系对长期保持优良的表现来说至关重要。你可以根据价值观来筛选潜在的工作场所，了解员工在无人注视时的行为。

- 精通。如果缺乏能力，你就无法持续付出努力。精通某事需要你经年累月地持续付出大量的努力。这意味着我们必须找到一些东西，让我们既能享受努力的过程，也能享受到达目的地的喜悦。

你只擅长自己喜欢的事情。

第九章

持续学习：成长的力量

成长是一种心态，它能让你在整个职业生涯中不断学习、适应和发展。如果你不适应，那你就不能在变化的世界中进步，甚至无法生存。

传统训练的作用有限，最有效的学习方式来自经验和观察。本章将向你展示如何将随机体验转变成符合你需求的有组织的发现之旅。下文将介绍一个简单的四步模型，它可以指导你实时地从日常事件中（包括积极的和消极的事件）学习。它会帮你建立个人成功模式，让你可以适应不断变化的环境。

为何成长很重要

行走在伦敦金融城就像行走在历史长河中。城市是一个活的时间机器。站在一角，你可以仰望建造中的摩天大楼，也可以俯视古老罗马城墙的地基。只需一瞥，你就可以跨越几千年。

在鳞次栉比的大楼和成群结队的人群之间，坐落着一些属于房地产公司的老建筑。它们在历史上曾负责城市主要行业的培训、质量和监管工作。这些公司包括弗莱彻斯（Fletchers，箭制造商）、鲍尔斯（Bowyers，长弓制造商）、库珀（Coopers，啤酒桶制造商），以及牛油吊灯公司 Tallow Chandlers，该公司生产牛油蜡烛，并与蜡烛吊灯公司 Wax Chandlers 竞争。

这些行业已经成为历史，就像今天的许多行业将成为历史一样。在过去的 100 年里，在农场工作的劳动力在劳动总人数中的占比从 34% 下降到 1.5%，而作为专业人员和管理人员的劳动力的占比则从 10% 上升到 41%。在农田里工作的人群已经被在办公室工作的人群所取代。同样，家政服务和体力劳动者也转移变成了文员。曾经是主要雇主的行业现在几乎都变成了相对次要的雇主，造船业、采矿业和棉纺厂都只是昔日的影子。

历史告诉我们，当你结束职业生涯时，让你开启职业生涯的那个工种不太可能还存在着，尤其是当人的职业生涯和工作寿命变得更长时。这意味着，如果你想生存下去，就必须不断学习和适应，个人成长对职场生存和成功至关重要。

当你结束职业生涯时，让你开启职业生涯的那个工种不太可能还存在着。

历史如此，未来亦如此。牛津大学估计，未来 20 年，近一半的工作将面临来自人工智能的威胁。在过去 200 年的任何时候都可能得出大致相同的结论。自工业革命开始以来，有一半的工作岗位一直面临着科技带来的挑战。这一次，面临风险的更有可能是你的工作。人工智能的前景是，它将越来越多地取代日常工作，从管理员到外科医生和律师等。如果你从事的是重复性工作，并且有固定的工作模式，那么你的工作就有风险了。

有一件不太可能发生的事，即在你往后的职业生涯中，你所在的行业和所从事的工作不会发生改变。即便这件事确实发生了，只要你想有所发展，就仍然面临着变化和增长所带来的挑战。无论你在何地从事什么工作，你都会发现随着职位的晋升，你的工作会不断地发生变化，你所承担的责任会越来越大。

你获得的每一次晋升都是胜利和危机并存的时刻。胜利显而易见，危机则是隐藏的。升职是一种职业危机，因为每一次升职都意味着生存和成功的规则在改变。在某一层级上取得成功，并不意味着在下一层级就一定成功。为了在职业生涯中有所成长，你必须提升自己的能力。

你获得的每一次晋升都是胜利和危机并存的时刻。

在你获得第一次晋升时，你所面临的成长挑战通常最为困难。作为团队成员，你所遵循的成功模式让你得以晋升，但是这个模式却让团队领导者遭遇失败。这就是"更衣室领袖"挑战。想象一下，一个体育明星被提拔去管理球队。作为球队的明星，他完成了所有的拦截、得分和传球。在新的责任下，他依据之前的成功模式加倍努力，现在他更加努力地进球、拦截和传球。然后身为教练的他被解雇了，因为他的工作不是成为球队里最好的球员，而是找到最优秀的球员，培养他们、激励他们，并为球队设定方向和战术。

如果你不做调整，即使你努力工作也会迅速失败。

成为伟大的球员和成为伟大的教练需要具备完全不同的技能。更衣室中的领袖陷阱在体育界显而易见，无法被察觉的是，许多企业里的领导者认为，他们的工作是成为团队中最聪明的人，并解决所有棘手的挑战。如果你不做调整，即使你努力工作也会迅速失败。

从表 9-1 中可以看出，职场晋升会给你带来越来越大的挑战。

表 9-1　职场晋升带来的挑战

管理自己：团队成员	管理他人：团队领袖
我要怎么做	谁能做这件事
提升自己的表现	管理他人的表现
得到反馈并采取行动	给出反馈
寻求方向和支持	给出方向并提供支持
接受挑战	把挑战委派给别人
变得积极	成为他人的榜样
围绕明确的目标工作	处理模糊的目标并做出改变

很多新的团队领袖因为表 9-1 的第一个问题而纠结，即如何从"我要怎么完成这个任务"转换到"谁能完成这个任务"。在委派关键任务时，许多管理者更愿意将任务委派给他们最信任的人，

即他们自己。这是导致他们工作过度和表现不佳的一个原因。缺乏信任会腐蚀团队的士气，这意味着团队成员不会面临成长和提高业绩所带来的挑战。缺乏信任和授权会影响团队管理者和整个团队的表现。

学习新的成功模式不可避免地会存在风险，这需要勇气。你必须少做那些在过去行之有效的事，转而去尝试新的工作方式。这是所有人在职业生涯中都面临的成长挑战。你必须不断学习、适应和成长。

成长的挑战不会随着你的第一次晋升而结束。挑战从不会停止，职业生涯的每一步都需要你去成长和适应，具体如表 9-2 所示。

表 9-2　整个职业生涯的成长挑战

领导级别	管理自己：新员工	一线管理者：管理他人	中层管理者：管理一线管理者	高层管理者：管理一家企业
时间范围	一天或一周	一周到一个季度	一个季度到一年	超过一年
主要任务	做事：质量、速度、精益技能、工作计划	管理：教导、激励、绩效管理、委派工作	优化：改善工作流程	整合：整合并优化企业的业务
你在意谁	你自己	你的团队	其他职能部门	员工支持
金融技能	无	成本管理	预算管理：沟通和控制	盈亏表管理：产生利润、成本分配

领导级别	管理自己： 新员工	一线管理者： 管理他人	中层管理者： 管理一线管理者	高层管理者： 管理一家企业
陷阱和 挑战	不抱幻想： 觉得工作无 聊、枯燥	不改变获得 成功的方法	不管理政治	从谎话综合征 到傲慢

在长达四五十年的职业生涯中，你将从学习一些技能开始，例如会计或分析。随着你职业生涯的推进，精通这些技能的重要性降低了，因为你可以雇用大量掌握更新的技术和更高级的技能的人，他们比你更渴望这份工作，而且使用他们的成本也更低。相比于学习这些技能，你更需要做的是培养人才并提升自己的政治技巧。你需要人际沟通技巧来管理员工，你也需要政治技巧来管理组织，包括协调议程、处理冲突和危机、影响员工和决策、建立信任和支持网络。你必须学会如何获得和使用权力。

你需要不断成长，因为你不能再依赖自己的雇主。你能否继续受聘不再取决于雇主，而是取决于你的就业能力。测试就业能力的一个好方法是看看你能不能从竞争对手那里得到工作机会。正如一位人力资源主管所说："如果我的竞争对手不需要你的服务，那么我也不需要。我总能找到比你更渴望这份工作，也更廉价的人来做这份工作。"

你能否继续受聘不再取决于雇主，而是取决于你的就业能力。

如果你想坚持下去，那么成长是必不可少的，主要原因有以下四个：

- 你所从事的行业可能会发生翻天覆地的变化。
- 你今天的角色会因为人工智能和技术的发展而改变。
- 随着事业的发展，生存和成功的法则也在不断变化。
- 总有更年轻、更廉价、更有意愿、拥有更新技能的人等着取代你。在一个全球化的世界里，你可能会被某个来自他国的、素未谋面的人取代。

学习和成长是你发展事业的燃料。如果不学习、不成长，你的事业就没有了燃料，你很快就会走投无路。这使得成长成为韧性思维的重要组成部分，没有成长，你就无法生存。

成长对你坚持到底的能力至关重要，这是一种长期韧性思维；成长也是应对危机和挫折的重要途径，这是一种短期韧性思维。我们将在长期韧性思维和短期韧性思维的背景下探讨成长这个话题。

学习和成长是你发展事业的燃料。

如何成为一名管理者

如何成为一名管理者？

大多数管理者都是在偶然的情况下成为管理者的。在通常情况下，团队中的优秀成员会被提拔，并且能以某种方式解决如何管理团队的问题。

我以小组为单位，问过成千上万个管理者是如何学会管理的。我让他们从以下六种学习资源中选择两种。你自己试试这个练习吧！在实践中，以下六个选项中哪两种资源对你学习如何管理团队最有价值呢？

- 书籍；
- 课程；
- 领导（经验和教训）；
- 榜样（职场内外）；
- 同事；
- 个人经验。

当我向一群人提出这个问题时，几乎没有人声称自己从书本或课程中学到了东西，这对讲授领导力课程的人来说可能是个坏消息。许多人从其他人的经验中学习，例如观察上司、同事和榜样的行为。这么做很有道理，因为当你看到有人做了一些聪明的事情时，你可能会试图模仿他们；当你看到有人失败时，你会默默地记下来，告诉自己不要做同样的事情。这很实用，它告诉你什么能在今天的环境中发挥作用。但到目前为止，对大多数人来说，学习的最大源泉是个人经验，这是最生动和情感最强烈的学习方式。

从经验中学习可能有道理，但它有巨大的缺陷。

- 你依赖的是正确的经验。如果你和一个好上司一起做一个好项目，那么你很快就能学到有益的经验并加速事业发展。如果你和噩梦一样的上司一起做项目，那么你会发现自己的职业生涯正在加速走向死亡。这意味着从经验中学习是随机的。如果你的事业是随机的，你就会发现，事业是一个动词，而不是名词。你的职业生涯将不可预测地从胜利走向灾难，然后再恢复。

- 从经验中学习是非常缓慢的过程。对年长的高管来说，要求领导者具备经验是让年轻人才远离权力的好办法。但是硅谷的传奇人物们在 20 多岁就开始了他们的成名和致富之旅，亚历山大大帝在 30 岁时就创下了辉煌的业绩。可见，年龄不应该成为成功的障碍，不管你是 20 多岁还是 60 多岁。

- 体验式学习就是不断地尝试和犯错。犯错对你和你管理的团队来说都是痛苦的。这么做也很危险，因为犯太多错误会限制你的职业发展。管理者知道这一点，其结果就是带来压力。如果你不知道如何做某件事，但你知道一旦做错就会失去这份工作，那么这就会让你惆怅满怀、辗转难眠。

- 从经验中学习是非常低效的。挫折给我们提供了生动有力的教训，教我们如何不去做某事，这意味着我们通常很善于从失败中学习。但从成功中学习则要难得多，因为我们往往认为成功是理所当然的，因为事情本应该是这样运作的。但事实上，把事情做成是非常困难的。当事情进展顺利时，我们应该反思为什么会进展顺利，以及我们可以做些什么来确保未来的成功。你可能听过很多次事后反思，人们都在问到底出了什么问题。想想看，你召开了多少次团队会议来回顾成功，回想什么是正确的以及为什么。

从经验中学习是随机的。

虽然经验是让你学习和成长的燃料，但是你需要从经验中提高学习的效率和专注度。书籍和课程可以帮助你。当你以新管理者的身份开始阅读一本书时，就不太可能在读完整本书后摇身一变成为首席执行官。但是书籍和课程会帮助你理解你看到的或学到的废话。

培养成长型思维

成长与训练

迈克尔·菲尔普斯（Michael Phelps）赢得了 28 枚奥运奖牌，

其中 23 枚是金牌。他获得的荣耀背后是大量的高强度训练。除了高强度的健身运动，他通常每周游泳 80 千米。他每天摄入高达 12 000 卡路里（1 卡路里 ≈4.185 9 焦）的热量，睡眠时间超过 8 小时。他生命中的大部分时间不是训练就是睡觉，他花在比赛上的时间不到 1%。

在工作中，你无法奢侈地把 99% 的时间用于训练，1% 的时间用于提升表现。而且每天摄入 12 000 卡路里的热量可能是不明智的。为了加大你的成长挑战难度，许多公司甚至不愿意你将 1% 的时间投入到培训中以帮助你在其余 99% 的时间里表现出色。预算一旦吃紧，培训费就是首先要削减的项目之一。英国人力资源协会（CIPD）进行了一项调查，以找出为什么培训的重要性排位如此之低。答案是：

- 工作太忙；
- 要承担家庭或个人责任；
- 动力不足；
- 来自部门管理者的阻力；
- 工作中的学习氛围不足。

下面括号中的内容是我对这些原因做的进一步解释：

- 工作太忙（对我来说不是最重要的）；
- 要承担家庭或个人责任（对我来说仍然不是最重要的）；

- 动力不足（事实上，这对我来说从来都不是最重要的）；
- 来自部门管理者的阻力（这也不是我上司的首要任务）；
- 工作中的学习氛围不足（攻克难关不是任何人的首要任务）。

从理论上讲，企业应该花更多的精力用于培训。从理论上讲，这个世界不应该有战争、饥荒和疾病。与此同时，你必须面对现实世界，而不是理想世界。无法接受培训意味着你在成长之路上必须加倍积累经验，同时充分利用任何你能找到的正式培训和支持力量。

虽然培训可以帮助你成长，但它不能代替成长。培训在很大程度上是由雇主控制的，并且发生的频率很低；成长则是由你自己控制的，你可以随时进行。

面对现实的世界，而不是理想的世界。

成长型思维与停滞型思维

卡罗尔·德韦克（Carol Dweck）在她的著作《心态》（*Mindset*）一书中普及了停滞型思维和成长型思维的概念。她专注于教育，想要找出为什么有些学生出类拔萃，而有些学生却在为了学业而苦苦挣扎。她的结论是，天赋不如思维重要。正确的思维驱使你付出正确的努力，而这正是成功的动力。

停滞型思维在一定程度上关注成功，但它更关注的是不要失败，不要让自己在同事面前看起来像个傻瓜。这真的会阻碍你去学习。如果你表扬孩子做对了某件事，孩子就会知道这份表扬来自其正确的行为（来自没有犯错）。这样孩子就不会在有可能失败的情况下接受更具挑战性的任务。孩子希望在他们知道有可能取得成功的任务中继续获得表扬。

相反，如果你表扬孩子的努力，无论其成功与否，孩子都会知道努力是得到表扬的原因。这将鼓励孩子去冒险、挑战极限、不断学习。这种成长心态将努力和冒险与成功联系在一起。

成长需要我们离开舒适区

我们都在初学者的雪道上学习滑雪。当我们小心翼翼地练习着转弯时，教练不断地告诉我们要屈膝。有一个人一直在尝试做花样转弯的练习，结果，她不停地摔倒，这让我们笑个不停。第二天，她从组里消失了，我们也不再想起她。

在学习的最后一天，我们又一次看到了她，她正自信地用她一直在学习的高级转弯技巧快速地滑下高坡。她离开了自己的舒适区去学习，她承担了风险，并且在一开始的时候就不断地遭遇失败。而我们没有冒险，也没有汲取教训。她有去冒险的成长型思维，而我们有避免失败的停滞型思维。她学得很快，我们学得很慢。我们开始怀疑到底谁是笨蛋，谁会笑到最后。

德韦克的思维公式带来了两个挑战。

- 这种思维是否适用于成年人的工作环境？

- 如何应用这种思维？仅仅劝诫员工抛弃停滞型思维，要具备成长型思维是不够的。

在工作环境中遭遇失败和看起来像个傻瓜可能会产生严重的负面结果。

在本章的其余部分，你将看到一个实用的四步法工具，它将指导你管理自己的成长旅程，以实现目标。

每个成长周期的陷阱和机会

成长周期让你能够实时地从你所经历的日常事件中学习，它在随机的经验之旅中置入了结构化过程，并帮助你理解你每天遇到的"废话"。它让你建立个人成功模式，以便你在所处的环境中取得成功，并让你随着环境的变化不断调整这个模式。

实际上，你的个人成长周期包括四个阶段。每个阶段都是陷阱和机会并存。

（1）经验：培养正确的技能来推动事业发展。

（2）反思：从关注失败到从成功中学习。

（3）模式：从理论到实践。

（4）测试：从舒适区到伸展区。

这四个阶段可以被绘制成一个单一的成长周期^[1]，如图 9-1 所示。

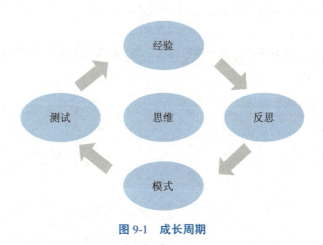

图 9-1　成长周期

接下来，我将介绍如何运用学习周期来管理你的成长之旅。

1. 经验：培养正确的技能来推动事业发展

如果你拥有好的经历，或者遇见好的上司和榜样，那么你的职业生涯就会加速发展；如果你发现自己陷入了一个没有前途的角色，身边全是消极的上司和同事，那么你就会一事无成。没有人会对你的职业生涯负责，你必须确保获得正确的经验。职业可以是动

---

[1]　成长周期以科尔布的学习周期为模型。科尔布提出的四个阶段是具体学习、反思性观察、抽象概念化和主动实验。

词，也可以是名词。你可能想要游走在一个又一个的随机经验之中，从工作中享受职业之旅。但是如果你想让自己的职业成为名词而不是动词，那么你就必须很好地管理它。你必须把随机体验变成结构性的发现之旅。

职业可以是动词，也可以是名词。

你的首要任务是搞清楚你需要哪个技能才能推动自己的职业之旅。如果不能面面俱到，那么你需要具备一些能让你从同龄人中脱颖而出的明显优势。为了找到你需要的技能，看看你的榜样，然后倒推他们的成功之路，他们维持成功的技能就是你所需要的技能。

练习40　为你的职业发展培养技能

对于任何职业生涯来说，改变任务、角色或雇主都是关键时刻。你有必要做出正确的选择。在薪水小幅上涨的基础上做出的选择通常会让人后悔。在向面临职业生涯关键时刻的客户提供指导时，我发现以下四个问题通常能够揭示最佳解决方案。

（1）"我喜欢学习和使用这些技能吗？"成长之旅是艰苦的，你需要有勇气去学习新的技能。如果你不喜欢自己的旅程，那你就不能坚持下去，因为你只擅长自己喜欢的事情。

（2）"这些技能能让我从同龄人中脱颖而出吗？它们能让我获得与众不同的声望吗？"作为一名管理者，你真正的竞争对手不是在市场上，而是坐在你旁边的那些为有限的资金、管理支持和晋升而与你竞争的人。

你需要展示出自身的优势。

（3）"这些技能是可以替代的吗？我能把这些技能带到其他雇主那里去吗？还是我完全依赖现在的雇主才能具备这些技能？"

（4）"我在哪里可以最好地发展这些技能？哪里有最好的项目和最好的管理者可以让我学习？我如何确保被分配到正确的项目和管理者手中，还是我需要换一家公司？"

你真正的竞争对手正坐在你旁边的办公桌旁。

你的答案将是独一无二的，也应该是独一无二的。如果你对自己未来 5~10 年的发展有清晰的认知，你就掌握了自己的命运。

练习 40 可以帮助你避开从经验中学习时会碰到的主要陷阱。

- 业绩陷阱。许多公司对业绩的重视程度胜过对员工个人发展的关注。一位同事非常擅长构建保险行业系统集成项目的业务案例。这意味着她对这种深奥的技能有很大的发展需求。问题是，她讨厌做这件事，而且在这门神秘的艺术中，她没有任何的职业发展前景。她的业绩表现得分很高，而职业发展得分却很低。她通过更换企业战胜了这项挑战，从此事业蒸蒸日上。

- 随机游走陷阱。作为管理者，你会遇到无穷无尽的随机经历，而这些经历是丰富的学习源泉。珍惜这些机会吧！因为它们可以让你有所成长。这就是大多数管理者使用经验的方式：他们看到随之而来的是什么，并从中学习。你可以寄希望于自己能幸运地从经历中有所收获，但希望并非方法，运气也不是策略。如果你想成功，那你就需要有计划地完成学习之旅。确保你得到自己想要的经验，而不仅仅是命运赠予你的经验。

如今，成功需要专注，专注，再专注。这意味着你要做出笨拙但明确的选择，并且知道自己的职业生涯要走向何方。在过去，一个人在一生中可能在许多领域取得杰出的成就，他们需要掌握的知识比现在要少得多。可以说，最后一个"无所不知"的人是托马斯·杨（Thomas Young，1773—1829 年），在他活着的那个时代，他声称自己破译了罗塞塔石碑，赢得了与艾萨克·牛顿的争论，成了光学、数学、医学和语言学领域的专家。今天，如果有哪个人能在这么多领域取得成功，那一定是不可思议的一件事。

成功需要专注，专注，再专注。

查尔斯·达尔文（Charles Darwin，1809—1882 年）展示了专注可以实现什么。他出生时，托马斯·杨还活着。他花了 5 年时间乘坐皇家海军的贝格尔号游轮环游世界。他大部分时间是在岸上拜访朋友并做一些业余的科学研究。接下来的 20 年，事情似乎没有什么进展，也没有发生大的变化，直到他被说服发表了《物种起源》（*On the Origin of Species*）一书。他花了 20 年的时间专注于一个伟大的想法并为之努力。可见，专注是成功的关键。

如果你讨厌会计学，那就学着喜欢做会计的人吧！

随着世界变得越来越复杂，职场对专业化的需求也在增加。即使是在领导者的世界里，也有太多的技能需要被掌握。我列出了领导者需要掌握的 100 多种技能，每种技能都可以分解为几个子技能。好消息是，你不需要掌握每一项技能，因为没有哪一个领导者能面面俱到。

没有哪一个领导者能面面俱到。

2. 反思：从关注失败到从成功中学习

我们都经历过事后反思，从"哪里出了问题"开始，很快变成了质问"谁出了问题"，这些往往是痛苦但有力的学习事件。作为人类，我们总是专注于避免灾难和错误。当人们谈论从经验中学习时，他们通常是指从错误中学习。我听过很多管理者谈论，他们在职业生涯中所接受的痛苦教训给他们带来了"背上的伤疤"。从错误中学习是必要的，也是痛苦的。如果你渴望获得成功，那么仅仅从错误中学习完全不够。成功不仅需要你尽可能避免灾难的发生，它也需要你坚持下去并可以预测成功。

实际上，大多数管理者不善于从成功中学习。他们认为成功是正常的，是事情发展的自然结果。其实，成功既不正常，也不自然，它需要你进行非常艰苦的工作。例如，你很好地完成了述职报告，或者按时交付了产品，或者成功完成了交易，这些都是一系列事件的结果。如果链条上的任何一个环节出了问题，那么一切结果都会不一样。所以，当一切顺利时，你有必要知道自己为什么会取得成功。如果不知道如何取得成功，你就不会知道如何再次取得成功。

大多数管理者不善于从成功中学习。

从成功中学习和从失败中学习一样重要，但前者的痛苦更少。有一个非常简单的方法，让你可以同时从成功和挫折中学习，这种学习是有效和无痛的。你只需要在每次重大事件发生之后问自己两个问题。重要的事件可能是任何事情，从向董事会做长篇报告到打一个简短但至关重要的电话。不管这个活动进行得有多好或多差，你都需要问两个问题：（1）什么做得不错（What Went Well，WWW）？（2）怎么做会更好（Even Better If，EBI）？

（1）WWW：什么做得不错

即使遭遇挫折，你也可以做一些阻止挫折变成灾难的事情。这种学习就像用手去抓金粉，你要确保你抓住了它。运用"WWW

法"进行事后反思能让你变得积极起来。如果你做成了某件事，那么你要知道成功的原因。然后你可以添加第四个"W"，使其变成WWW+W，即什么做得不错以及为什么（Why）。只有不断地问为什么，你才能找出获得成功的根本原因。

最终，这个原则会成为你和团队的第二天性。当一位高级主管离开任职的银行时，首席执行官站出来为他进行一次离职演讲，他是这样开始的："大卫，我想通过问'WWW'来简要回顾你在这里七年的工作。"大家都笑了，因为"WWW"是他们使用了七年的用来提升表现的关键工具。他们所做的一切都是根深蒂固的。

与大多数自我改进的方式不同，"WWW法"很容易被应用于团队管理。你会发现，在你结束一场大型会议，沿着走廊行走时，你可以安静地向自己汇报。与其浪费时间去反复思考会议内容，不如利用这段时间建立你的个人成功模式。

不断使用"WWW法"可以让你搞清楚什么在你所处的环境中发挥着作用。该方法的理论含量很低，但实用性很强。"WWW法"可以让你创造自己的成功秘方。只要在实践中行得通，它就不需要在理论上行得通。这将是你自己独特的成功公式。

（2）EBI：怎么做会更好

当身处逆境时，我们很容易会反思：哪里出了问题？如果你这样做，就会陷入沉思和压抑的情绪。毁掉你一天的好方法就是告诉自己，你在七个不同的方面搞砸了。相反，问问自己：怎么做会更好？

"EBI 法"注重行动，它是充满建设性和积极性的，它迫使你思考下一次你会做哪些不同的和更好的事情。在通常情况下，EBI 说起来容易，做起来难。例如，当我与销售人员一起工作时，他们发现"EBI 法"不仅能提高他们的业务水平，还能让这项业务一直运转。"EBI 法"让我专注于问聪明的问题，而不是思考如何给出聪明的答案。

"EBI 法"能让你确保始终如一地坚持做简单但重要的事情，这么做能让你避开大多数引起挫折的陷阱。

"WWW 法"和"EBI 法"能教你如何从最少的经验中学到最多。这能够极快地加速你的成长之旅。和任何新习惯一样，刚开始的时候，你会觉得有点不自然。最终，它会成为你的第二天性，你会发现你无法停止学习新技术和巩固现有的技术。

练习 41 自我反思

利用每一个重要的会议、电话、项目或事件来学习和成长。问自己两个问题。

- WWW：什么做得不错？描绘自己的成功路径，从成功中学习，而不仅仅是从失败中学习。创建你自己独特的成功蓝图，找一找什么能在你的环境中发挥作用。
- EBI：怎么做会更好？不管事情是好是坏，总有一些事情你可以做得更好。识别它们，以便你下次可以尝试。

你可以在会议间隙做这个练习。为了让它真正强大有力，你可以和参与活动的其他人一起做这个练习。他们独立、客观的观点会帮助你发现可能被你忽略的事情。

与团队一起反思：利用 WWW 和 EBI 来提高业绩

所有优秀的团队都会定期进行工作汇报。红箭飞行表演队（The Red Arrows）的目标是每次都能提供完美的空中表演，他们的目标不是比其他空中飞行表演队做得更好，因为那还不够好，他们的目标是完美。这意味着他们会在每次飞行表演和训练之后进行工作汇报。在汇报过程中，层级暂时被抛到脑后。这意味着，如果有必要的话，屋子里级别最低的人也可以批评级别最高的人。搁置层级对于任何有效的团队汇报都至关重要。如果层级仍然存在，团队成员将说出他们认为你想要听到的内容，而不是你需要听到的内容。它复制了大人和孩子的关系，孩子等待来自大人的表扬或惩罚。但在一个团队中维持这样的关系并不好。

如果你想以积极的姿态进行团队汇报工作，那么使用"WWW法"是一个很好的选择。"WWW法"不是责备游戏，而是一次真正的学习和改进的机会。通过关注积极面，你可以识别出团队可以构建什么，而不是需要拆毁什么。以这种积极的姿态开始团队的工作汇报，即使是面对挫折，团队成员也能建立起积极的对话。

在处理"哪里出了问题"这件事上，"EBI 法"采取的是一种积极的、注重行动的方式。一味地追究哪里出了问题，会导致你回过头来指责他人。"EBI 法"要求你向前看，期待着团队能在整体层面取得进步。它促使团队成员变得富有建设性，并想出解决方案。

在这一点上，我经常听到高管们说："我们必须弄明白哪里出了问题。如果团队中的一位成员把其他成员搞得一团糟怎么办？"用 EBI 这样的语言表述可以让你以注重行动的方式识别出哪里出了问题。例如，有一个团队遇到了挫折，因为团队提交给了董事会一份不完整的文件。传统的团队汇报会得出这样的结论："戴维把这件事搞砸了，因为那是他的文件，他没有在董事会召开前让我们审阅。"这是一个充满敌意的总结，戴维把这件事会反驳说，他没有从其他团队成员那里得到他所需要的帮助和支持。突然间，指责游戏爆发了，没有人可以从中学到任何东西。

用"EBI 法"则会带来完全不同的结果，它的措辞是："如果我们制定一个明确的董事会文件时间表就更好了，这样大家就知道文件什么时候会被传阅，最后期限是什么时候，以及谁需要在什么时候输入什么内容了。"这样一来，讨论的结论是：团队需要制定明确的时间表和职责表，便于每个人去遵守。很显然，如果一些团队成员不能始终如一地承担起他们的职责，那么管理者可以对他们的表现进行管理。

练习 42　与团队成员一起反思

将"WWW 法"和"EBI 法"作为标准的工作汇报工具，可以帮助你的团队学习和成长。这和练习 41 是一样的，不过是在小组中进行，而非单独进行。

练习中最重要的技巧在于你不要做什么。千万不要问"什么出了问题"这个问题。此项练习与学习相关，而与责备无关。

---

3. 模式：从理论到实践

走进机场书店，除了犯罪惊悚小说和浪漫小说，你会发现一个商业书区域。该区域的书架上摆满了那些有关自负的成功高管的自传，这些自传大都由他人代笔。他们渴望告诉全世界的，不仅是他们非常成功这件事，还有他们成功的原因。他们相信他们的成功模式是具有普适性的，"如果你像我那么做，你就能像我一样富有、出名和成功"是他们在书中的关键承诺。这是一个完全错误的承诺，原因有两个。

首先，他们的成功模式是独一无二的。在硅谷成立一家科技企业所需要的条件，并不是成为一位成功的越南服装制造商或德国政府部门的团队管理者所需要的。不同的背景需要不同的模型。没有灵丹妙药能把资质平平的管理者变成伟大的领导者。有一些东西只会在你所处的环境中发挥作用。

没有灵丹妙药能把资质平平的管理者变成伟大的领导者。

其次，许多成功的领导者都有独特的自然而然的力量。苹果公司联合创始人史蒂夫·乔布斯提出了著名的"扭曲现实力场"的观点，他会让世界和现实屈从于他的需求和信仰。他也被普遍认为是一个"天才加混蛋"。问题是，那些试图模仿乔布斯"天才加混蛋"成功模式的人，可能会做出混蛋的事，但很难成为天才。

我们在本章的前面已经看到，依靠随机获得的经验来建立个人成功模型是一种缓慢而痛苦的方式，尤其是当你不得不随着职业的发展不断改变成功模型的时候。这意味着你需要通过一些捷径来快速获得直觉和知识。

好消息是，领导者所做的大部分事情都与模式识别有关，我们开始学习如何应对不同的人和不同的情况。更好的消息是，这些情况是如此多变、模糊和复杂，以至于人工智能需要很长一段时间才能掌握它们并取代人力。

- 在危机中，你什么时候前进、什么时候后退？
- 你如何处理可能是由三方不和造成的冲突？
- 你如何建立起信任和影响力的网络来帮助你推进议程？
- 你如何说服比你强大的人改变主意？

联合利华的创始人威廉·利弗（William Lever）曾经说过："我知道我花在广告上的钱有一半是浪费的。唯一的问题是我不知道是哪一半。"当我第一次负责宝洁公司的一个品牌时，这个问题很重要，因为我的大部分预算都是广告预算。

所以我做的第一件事就是走进一个黑暗的房间。在那里，我观看了 Daz 长达 50 年的广告，这是我负责的是一个洗涤剂品牌。这就像是在观看有关英国社会史的电影。首先是持续了 90 秒的黑白广告，然后是 30 秒的猛烈抨击。每一则广告都被深入研究，以便人们了解广告播出后受众的记忆程度（被称为 DAR 研究）。如果广告没有被记住，那么它就没有效果。

在电影室里度过漫长的一天后，我能够以不可思议的准确性预测出每则广告在 DAR 上的得分。这并非因为我是广告天才，而是因为我快速获取了模式识别能力。

这种模式识别现在已经嵌入到算法中，它甚至可以预测哪些歌曲可能会成为热门歌曲并值得推广，而哪些不会达到标准。这与对音乐的洞察力无关，而是与模式识别相关。领导者需要在高度模糊和复杂的条件下进行模式识别，在可预见的未来，这是人工智能无法实现的。

练习 43　使用模式识别来快速获得智慧

通过尝试和犯错，我们知道了什么是行之有效的，什么是既有风险又耗时的。你需要掌握一些简单的方法来加速自己的学习过程。你需要向外拓展以寻求帮助。下文列举了三种方法，它们可以让你快速地掌握模式识别。

（1）要么买书，要么去上课。书和课程都无法给你完美的答案，但它们应该可以给你提供一些原理，让你测试什么能对你奏效。

（2）找一个可以指导你并给你建议的业内导师。一个好的导师会帮助你理解在你所处的环境下什么是有效的。他们可以为你提供最好的实践方法，而不是最佳理论。他们也可以引导你完成正确的任务并获得正确的经验，这些对你的职业生涯是有益的。

（3）找一个行业外的教练。一个好的教练会看到无数其他公司的成功和失败模式，他可以向你提出正确的问题，启发你去发现什么模式适合你。

韧性思维画像：学习

马克·伊万斯（Mark Evans）是一位探险家，他也是阿曼户外运动（Outward Bound Oman）的创始人。马克认为轻松地度过周末的方式是在沙漠中旅行。对大多数人来说，这是一次对未知世界的探险，但马克却能轻松地驾驭它，就像大多数人驾驭商店之旅一样。当你骑着骆驼带领探险队穿越阿拉伯半岛的空旷地带时，征服沙丘、导航、给轮胎充气放气、配备合适的装备和搭建营地都是轻而易举的事情。

马克通过持续学习适应了极端的环境。但这些不是你可以从教科书中获得的知识。当你从北极的冰面上掉下去时，你无法从书上得到任何帮助，谷歌也救不了你。用马克的话说，"学习时要让自己成为学徒，从比你优秀得多的人那里学习，他们会给你带来信心以及用来应对意外状况的工具"。

舒适区都是相对的，你必须不断拓展自己的舒适区范围。如果你没有先行攀爬一些小山，你就不能去攀登珠穆朗玛峰。这是一种学徒训练。实际上，马克适应极端环境的练习与领导者适应办公室环境的方式一样，他们都不是从教科书中学习，而是从榜样身上和经验中学习的。

马克现在已经成为下一代的榜样了。他建立了沙漠大学，把不同文化背景的年轻人聚集在一起。他还创建并经营了阿曼户外运动。虽然他也教书育人，但他仍然从每一次远征中学习。

马克的韧性思维包括很强的责任感和自我效能感。当事情出错，你处在危险边缘时，永远要有计划 A、计划 B、计划 C 和计划 D。不是每个人都喜欢生活在危险边缘，不过马克确实喜欢。他也知道自己的韧性思维取决于环境和文化："别让我卖双层玻璃！"他恳求道。

4. 测试：从舒适区到拓展区

所有的运动都是残酷的，最终的结果是你要么赢、要么输。橄榄球运动尤为残酷，因为它的高强度和激烈的身体接触。没有什么比赢得大满贯更令人瞩目的成就了，这意味着球队要在一年一度的六国锦标赛（Six Nations Championship）中击败其他国家。对于人口相对较少的苏格兰来说，实现这一目标是极其困难的。苏格兰上一次实现这一壮举是在 1990 年。当时他们的队长是大卫·索尔

（David Sole），他回忆起当时的压力："那是业余选手的时代。这意味着周一早上你要回去工作，如果你打了一场糟糕的比赛，每个人都会跟你谈论这件事。压力并没有随着终场哨声响起而结束，它会一直伴随着你。"

在吉姆·特弗勒（Jim Tefler）教练的带领下，他们的训练强度很大。但是训练中最重要的部分发生在训练最后，也就是当球员们都累了的时候。在这个时候，他们再一次完成所有的关键步骤和关键技术。正如大卫·索尔所观察到的："任何人都可以在毫无压力的情况下完成这些任务。重要的是，当你疲惫不堪、压力重重时，你能够坚持下去。"

在 1000 千米之外，是英国皇家海军陆战队的训练基地。为了得到梦寐以求的绿色贝雷帽[1]，军人们要经过长达 15 个月的严格训练。就像橄榄球队一样，真正的考验是当人们都已经筋疲力尽、快要崩溃的时候，那是对他们要求更高的时候，要求他们在做决定时必须表现出良好的判断力。培训是经过精心设计的，新兵不会一下子被扔进深渊。在开始训练之前，他们会接受为期 12 周的培训项目，以便更好地跟上进度。第一周听起来很简单：以慢跑 3 千米、每千米 11 分钟开始。运气好的时候，你的爷爷也能做到这一点。

---

[1] 在正式加入皇家海军陆战队之前，他们会进行为期 12 周的体能训练，以达到基本的标准。然后，他们要完成为期 15 个月的正式课程。

你还应该做到负重 5 千克前行 1 千米，你的奶奶大多数时候也能做到这点。

到第 12 周时，你应该能以每千米 7 分 30 秒的速度跑 6 千米，并能在负重 15 千克的情况下跑 6 千米。这是爷爷奶奶们都完不成的要求。然后，你就可以开始真正的训练了。在为期 15 个月的训练结束时，你能在全副武装（最高 60 千克）的情况下，于 8 小时内完成 50 千米的荒野自我定向行军，并享受这种乐趣。

在有效训练方面，体育、军事和商业有一些共同特点，其中最重要的一条原则是皇家海军陆战队所极力推行的：要聪明地训练，而不是一味刻苦。刻苦训练只会让人崩溃。聪明训练的部分要点在于，你要接受能给你提供指导和支持的训练，你不可能依靠随机获取的经验就能成为伟大的橄榄球队队员或者皇家海军陆战队的一员。

要聪明地训练，而不是一味刻苦。

聪明训练而非刻苦训练的另一个要点在于，你要测试并挑战自己的极限。如果你不强迫自己，你就永远不会学习和成长；如果你把自己逼得太紧，你就会崩溃。这不仅适用于体育事业或皇家海军陆战队，也适用于企业。

看看图 9-2，想想你什么时候学的最多、收获最多。当你处于自己的舒适区时，你不太可能做到这一点，但同时，舒适区也很重要，因为当你压力过大时，你可以在这里休息、恢复。当你处于压力区时，你很可能是在苦苦求生，而非茁壮成长。

图 9-2　找到你所处的区域

舒适区是非常危险的地方。在这里你可以表现良好，雇主可能会对你的表现感到高兴。但是你的职业生涯不仅需要表现良好，它也需要发展与成长。所以，你必须不断地学习和成长。当你待在自己的舒适区时，你并没有强迫自己去学习、成长或发展。为了今天的表现，你牺牲了未来的发展。

舒适区是非常危险的地方。

大多数人都是在拓展区茁壮成长的。处于拓展区的你可能会有压力，但你可以处理好，因为事情在你的掌控之下。外部压力和精神压力之间的关键区别在于控制力。当你面对一项具有挑战性和紧迫性的任务时，这显然是一种外部压力。但是现在，如果拿走你对结果的控制力，让你变得依赖他人，而他人可能感受不到你的紧迫感，也许在最后一刻，时间和可交付成果都发生了变化。当你像上文描述的那样失去控制力时，外部压力就变成了精神压力。在强大精神压力下的你只是处于生存模式而已。

练习 44　从舒适区转移到拓展区

当你管理学习旅程时，你必须不断挑战自己的极限，学习新的技能和做事方法。以下是在不伤害自己的情况下拓展技能的方法。

- 清楚地知道你想要实现什么目标。你的目标是拓展自己、成长，还是生活在舒适区？

- 从简单的事情开始，并不断取得进步。如果你需要学习公开演讲，你的第一次尝试不应该是在大型会议上做主题演讲。从简单的演讲开始，或许你可以向一个由 3 位同事组成的团队做一个 3 分钟的演讲。你可以慢慢地拓展演讲时长和听众规模。

- 从经验中不断学习，无论好坏。你可以使用练习 42 中描述的"WWW 法"和"EBI 法"。

- 获得他人的帮助和支持。所有顶级的选手都能从教练、培训师或导师那里得到帮助，后者会帮助前者有计划地学习，使学习变得从容、有条理且高效。如果你没有教练，可以使用书籍、课程和视频来学习。

这就是皇家海军陆战队拓展和培养新兵能力的方式：聪明地去训

练，而不是一味刻苦训练，要获得外界的支持，逐步培养技能，并有明确的目标。你也可以这样做。

总结

如果你想在长达 45 年的马拉松式的职业生涯中蓬勃发展，哪怕只是为了生存下去，你都必须不断地学习与成长，因为你现在拥有的技能的保质期有限。

- 随着职业的发展，你需要掌握新的技能。在职业生涯开始时，你需要掌握一些技术性技能；随着职业的发展，你需要掌握处理人际关系和政治事务的技巧。
- 总会有更年轻、更有抱负、使用成本更低的人来做好你的工作，你必须学习新的技能来保持领先。
- 你拥有的任何技术性技能都面临着来自人工智能和行业需求变化的威胁。
- 你的就业前景取决于你的就业能力。如果其他公司不需要你的才能，那么你现在的雇主还会需要你多久呢？

你要对自己的成长和发展负责。我们生活在一个每份工作的平均年限只有 6 年的世界里，你必须确保在往后的职业生涯中，你始终有价值。你要管理自己的成长，利用好成长周期。

- 经验。确保你得到了正确的任务，这些任务会让你在未来 5~10 年内掌握自己所需的技能；管理自己的发展，而不仅仅是表现；把你随机获得的经验转换成有结构的发现之旅。

- 反思。我们要善于从成功和挫折中学习，其关键在于，在问"怎样做会更好"之前，先问问"哪里做得不错"，这需要你注重行动并保持积极的心态。你可以自己使用该方法，也可以在每次重大事件发生后用这种方法开展团队工作汇报。

- 模式。我们要学会寻求帮助，这样就可以在探索之旅中构建起一些框架。你可以利用书籍、课程、导师和教练提供的框架帮助自己理解遇到的问题，并快速获得模式识别技能。大多数高效的领导者都具备清晰快速的模式识别技能，这有助于他们在逆境中做出良好的反应。

- 测试。舒适区对你的短期表现很有好处，但对长期发展则没有帮助，因此，走出舒适区很重要。你要聪明地训练，不要一味刻苦。你只需要每次前进一小步，以测试你的极限在哪里。如果进入了精神压力区，你的情绪会崩溃，这时你需要回到舒适区恢复一段时间。

第十章

外部环境影响内在旅程：
环境的力量

如果你想得到金钱，就去有钱的地方；如果你想拥有权力，就去有权力的地方；如果你想出名，就去有名气的地方；如果你想建立韧性思维，就去可以构建韧性思维的地方。

我们都是环境的造物，所以你有必要去选择正确的环境。这一章将介绍如何准确识别公司的类型和环境，来帮助你蓬勃发展、建立韧性思维并获得良好的表现。

第八章表明，你可以通过使命感、自主权、支持性人际关系和掌控力来建立自己的内在韧性思维。这一章将告诉你，你的内在旅程受外部环境的影响，并且需要由外部环境反映出来，这个外部环境允许你建立使命感、自主权、支持性人际关系和掌控力。

韧性思维与环境相关

本书的一个不变的主题是：韧性思维与环境相关。如果突然被遗弃在亚马孙丛林中，大多数职场人士都会感到自己缺乏在那里生存的韧性思维。同样，在这本书中出现过的探险家和登山者在办公室环境中也会感到非常不舒服。

当我们邀请一家银行的首席执行官在 Teach First 服务的一所

学校授课时，工作环境的力量变得清晰起来。从理论上讲，这是一项容易的任务，因为他要给学生们上一堂关于金钱的课，而银行的管理者应该知道怎么理财。在安排了课程的同一周，他还召开了一次全球董事会议。令人惊讶的是，他并不担心董事会会议，因为那是他的舒适区。但他却为学校的课程发愁。他知道如何与头发花白的银行高管们打交道，但他不知道如何与来自贫困社区的心怀不满的青少年打交道。在银行工作时，他的韧性思维很强，而在学校环境中则很弱。

作为与 Teach First 达成的协议的一部分，这名首席执行官随后邀请 Teach First 中负责接待他的那位老师前为银行董事会做演讲。这位老师在市中心的一所学校教学，在面对教学挑战时，她展示出了很强的韧性思维，但在面对满屋子头发花白的银行高管时，她却感到害怕。

我们只有在正确的环境中才能展示出最佳状态。

事实是，我们只有在正确的情境中才能展示出最佳状态。作为一名员工，你必须找到能让自己蓬勃发展的环境；作为一名管理者，你必须创造出能让团队蓬勃发展的环境。

太多数组织在帮助杰出人士完成非常平庸的事情。

太多数组织在帮助杰出人士完成非常平庸的事情。每天早上到办公室后，你都会先去更衣室，在那里你要挂起自己的外套，搁置自己的抱负和创造力。但并非所有组织都是如此。一些组织能点石成金，帮助相对平凡的人取得不平凡的成绩，不管结果是好是坏。我们的水平往往会受到周围人的期许和行为的影响，继而上升或下降到与之相适应的水平。逆流而上是很难的。

你工作或学习的地方，可能不会决定你的命运，但肯定会塑造你的命运。你不能选择自己的学校，但你可以选择在哪里工作和生活。

下面的例子说明了环境的力量。选择正确的环境可以让你维持良好的表现并建立韧性思维。选错了地方，你就很容易表现欠佳，甚至误入歧途。

双校记

下面这些人的共同点是什么？

10 位奥运会金牌得主，1 位诺贝尔奖得主，尼泊尔国王和约旦国王，小说家乔治·奥威尔（George Orwel），奥斯卡奖得主埃迪·雷德梅尼（Eddie Redmayne），经济学家约翰·梅纳德·凯恩斯（John Maynard Keynes），拿破仑的复仇者威灵顿公爵（the Duke of Wellington），小说中虚构的间谍詹姆斯·邦德（James Bond）和真实的间谍盖伊·伯吉斯（Guy Burgess），两支赢得世界杯的球队，探险家贝尔·格里尔斯（Bear Grylls），19 位英国首相，科学家罗伯特·波义耳（Robert Boyle，波义耳定律的创造者）和

37 位维多利亚十字勋章的获得者（已有 1358 人被授予了这份因在战争中英勇表现而获得的最高荣誉）。

答案是，他们都曾在伦敦郊外的同一所中学就读：伊顿公学（Eton College）。这所学校连墙壁都散发出期许，认为你会以某种方式成功。

另一所中学位于伊灵，它比伊顿公学离伦敦市的市中心更近。它出名的主要原因是该校学生在 2011 年引发了骚乱，这次骚乱引发了抢劫、纵火，并导致 5 人死亡。学校在地铁线路的末端。当我去参观时，我发现不到一半的学生曾经去过伦敦市的市中心。对他们来说，这是一个陌生的地方。当我问他们毕业后想做什么时，许多女孩说她们想成为模特，许多男孩说他们想成为足球运动员。但是已经太迟了，糟糕的饮食和缺乏训练意味着他们不太可能实现目标。他们缺乏抱负和外界的支持。

当你被高期望包围时，你更容易志存高远；当你被成功的榜样包围时，你能够得到追逐梦想的人的支持并构建人际关系网，进而更容易梦想成真。

用简单的话来说，你最有可能在一个极具挑战性但又极具支持性的环境中保持出色的表现。成绩出色的组织通常兼具挑战性和支持性，它们可以在就业市场上为应届毕业生提供非常有吸引力的职位，即使提供的薪水并不高。

英国皇家海军陆战队和许多运动队向其成员提出了高难度的挑

战，并提供高度支持。他们不只是简单地要求队员表现出色、展示出韧性思维能力，他们还会大力支持队员，帮助他们建立起这样的思维能力。

相比之下，很多组织向成员提出高挑战，但支持度却很低。这些都是"烧钱并把事情搅黄"的公司。从历史上看，投资银行和一些顶级律师事务所会以最高的薪水聘用顶尖人才，然后期待他们做出最高的业绩。这些企业严格筛查求职者的韧性思维能力，希望他们把这种能力带到工作中，但这些企业不会帮助员工建立起韧性思维能力。这是一个适者生存的高压世界。

尽管全球处在激烈的竞争中，但仍然存在着挑战程度较低的组织。其中一个组织几乎垄断了全球的部分支付系统。这是一家典型的乡村俱乐部，其总部位于一座现代化的宫殿里，坐落在绿树成荫的公园中，员工的工作时间短、工资高，在午餐时间，公司的咖啡馆会为他们提供丰富的食物和酒水。如果你想在工作时就体验退休的感觉，那么你会认为在这里工作是一种乐趣。它吸引了渴望那种生活方式的人。这些人不会在市中心的学校、投资银行交易大厅或皇家海军陆战队工作很长时间。他们的生存取决于公司在全球的垄断地位，而不是他们个人的适应能力。

简短来说，你工作的地方塑造了你和你的未来。

燕（Tsubame）和三条（Sanjo）是东京以北 250 千米处的两个毫不起眼的小镇。乍一看，它们并不引人注目。但如果你走进这两个地方，就会发现自己置身于日本的金属加工世界之中。日本 80% 以上的金属制品都产自该地区。原因显而易见：这两个城市是专业化生产和创新生产的大熔炉。它们以做到最好而自豪。

做到最好并不容易。学徒需要 5 年的时间才能有足够的能力制造出可以出售的基本商品，要做到真正的精通则需要几十年。例如，经过 50 年的努力，瑞池良一（Mizuochi Ryoichi）成了公认的剃须刀片制造大师，他的工作预约排到了 3 年之后；近藤和利（Kondo Kazutoshi）只专注于制造锄头，这听起来像是一个有限的产品线，但他能制造超过 1000 种不同型号的锄头，不同的地区、不同的土壤、不同的作物需要不同种类的锄头，他的工作就是为每种需求生产出最合适的锄头；日野浦司（Hinoura Tsukasa）是得到日本政府认可的日本传统工艺大师，他制作精美的菜刀，每把菜刀的售价可达数千美元。

当然，这些工匠可能存在于任何地方。但是，在实际情况下，他们共存于一个地方，在那里工匠们可以交流想法、相互竞争，并培养下一代匠人。因为他们的专业知识，客户慕名而来，这意味着工匠们了解更多客户真正需要和想要的东西。这就形成了一个积极的反馈循环：拥有更多专业知识的匠人会吸引更多的客户，这进而提升了匠人们的专业知识，供给和需求相互驱动。

在世界各地，随处可见因专业知识而构成的城市集群。即使是在同一个城市里，集群也会出现。在伦敦，保险业位于英格兰银行（Bank of England）的东部，银行业聚集在英格兰银行的另一侧。这两个中心都处于很集中的范围内。哈顿花园（Hatton Garden）以珠宝店闻名，牛津街（Oxford Street）以购物闻名，西区（West End）以剧院闻名，肖迪奇区（Shoreditch）以创业公司闻名，萨维尔街（Saville Row）以定制裁缝店闻名，老街（Old Street）以互联网公司闻名，苏活区（Soho）以后期制作服务闻名，舰队街（Fleet street）曾是报纸世界的中心。当然，伦敦其他地方也有剧院、珠宝店、银行和裁缝店，但每个行业都在某个地方汇聚着一批顶尖人才。

综上所述，工作地点不能决定你的命运，但它能塑造你的命运。

工作地点不能决定你的命运，但它能塑造你的命运。

维持优良表现的四大支柱

提供高挑战和高支持的组织是帮你建立韧性思维并维持优良表现的良好开端。但是你不能依赖雇主为你提供所有的挑战和支持。作为一名管理者，你必须恰当地塑造自己所扮演的角色，你必须了解如何为团队提供适当的挑战和支持。在实际生活中，你需要建立起四大支柱来维持优良的表现：

（1）自主权；

（2）外界支持；

（3）精通；

（4）使命感。

你有必要看一看四大支柱不包括哪些因素，看不见的和看得见的一样有用。这里没有任何与外部激励因素相关的内容，例如薪酬、奖励和工作条件，它们在建立韧性思维时毫无意义。许多拥有强大韧性思维员工的组织的薪水都很低，例如，教会和军队。持续的动力和韧性思维源自内在，而非外在。但是与其他角色相比，你更容易在某些角色中找到自主权、外界支持、精通和使命感。如果你知道自己在寻找什么，你就能找到可以让你发现动力、建立韧性思维的角色。

> 持续的动力和韧性思维源自内在，而非外在。

为了理解如何构建工作的这些方面，我们将深入研究一个案例，并参考一些其他的例子。

> 你可以训练技能，但无法训练价值观。

韧性思维画像：环境

从传统意义上来说，狱警这份工作不会吸引顶尖的毕业生。政府很清楚"你不需要具备任何资质就能成为一名狱警"。Unlocked 的创始人兼首席执行官娜塔莎·波特（Natasha Porter）想要确保，即使是拥有高资质的人也应该把狱警视为一份真正的可供选择的职业，这将有助于推动政府解决囚犯再次犯罪造成的损失和危害。犯人在服刑期间，改造常常被放在第二位，那里的压力在于狱警要履行其职责，这可能意味着安全程序被摆在了首位。改造意味着狱警需要处理囚犯们的思想问题和认知问题，使得学习和技能建设，以及维持秩序成为可能。

为了实现这些雄心勃勃的目标，娜塔莎创建了 Unlocked 组织，旨在吸引顶尖的毕业生并创建独特的监狱文化。该组织选择毕业生时不仅看重技能，也看重其价值观，因为她坚信，当人们拥有正确的价值观时，培养技能会更加容易。在为毕业生制订培训计划时，Unlocked 回到了狱警要掌握的首要原则上来。这个原则不仅教会了他们成为监狱管理人员的基本技能，也为学员创造了独特的团队精神。他们以每小组 10~12 人的方式被送进监狱（这是维持小组文化的最低有效人数）；他们还接受了热心的高级狱警的指导，这样他们就不会回到运行政权权力的心态上来。新员工很容易被现有文化影响，但如果他们有机会去影响变革，那他们的新方法和新态度就需要得到保护和培养。

娜塔莎展示了具备高度韧性思维者的许多其他特征，她热爱自己的使命，有高度的自我效能感，她很好地展示了如何把情感放到工作中。她对明显的不公正的司法系统感到愤怒，这促使她创建了 Unlocked。

Unlocked 显示了正确的框架在帮助员工建立和维持韧性思维时的力量。Unlocked 旨在雇用优秀的毕业生并将其培养成优秀的狱警，以此来推动监狱改革，减少监狱暴力并降低犯人们出狱后再次犯罪的概率。娜塔莎·波特于 2016 年创建了 Unlocked，她雇用的第一批毕业生于 2017 年进入监狱工作。该项目取得了立竿见影的成效，并且发展迅速。它的成功取决于其建立了一种独特的文化，这种文化不仅关乎控制和运行权力，而且与激励相关。Unlocked 项目显示了表现优良群体的四大支柱元素：自主权、外界支持、精通和使命感，每一个元素都融入 Unlocked 项目的程序设计中。

（1）自主权

对于建立动机和韧性思维来说，自主权至关重要。如果你只是一台机器上的一个齿轮，缺乏判断力，你就很难长期保持努力。自主权对任何人来说都很重要，而不仅仅是对希望独立行动的雄心勃勃的专业人士。即使是在汽车工厂的车间里，操作员也被给予了比以往更大的自主权，这已经成了司空见惯之事。他们管理着自己的表现数据，必要时可以控制生产线。

Unlocked 的毕业生从开始时就被赋予了高度的责任感。他们定期轮班工作，在此期间，他们可能会负责监狱的一侧，在那里，他们可能负责多达 100 名囚犯。正如第一组毕业生狱警很快发现的那样，与自主权相伴而来的是责任和风险。例如，其中一位狱警必须负责处理她发现的自杀事件，而另一位狱警则被一个囚犯"盆栽"，被"盆栽"意味着囚犯决定把他们的尿倒在狱警的头上。

> **与自主权相伴而来的是责任和风险。**

（2）外界支持

得不到外界支持的自主权就是适者生存的达尔文世界。正确的支持能帮你度过困难时期。

在困难时期得到支持是至关重要的，这也是 Unlocked 要建立的一部分文化。它并没有向全国各地的监狱平均分配毕业生，而是在每个监狱都安排了由 10~12 名毕业生组成的小组，这样毕业生狱警就有了可以直接依靠的同辈群体。Unlocked 创建了非常活跃的线上社群。这种支持在"盆栽"事件和自杀事件发生后得以体现。在这两种情况下，毕业生都得到了大量的支持，支持来自导师、同事和其他毕业生。加入支持性社群能在很大程度上帮助你具备韧性思维。

> **加入支持性社群能在很大程度上帮助你具备韧性思维。**

（3）精通

Unlocked 的毕业生在开始工作前，会先在暑期学院接受为期六周的强化训练。娜塔莎·波特将这种训练描述为"将肌肉记忆嵌入程序"的机会。只有把基础工作变成日常惯例，你才能把精力集中在更复杂、要求更高的工作上，例如处理意想不到的情况和具备潜在危险的情况。任何角色都一样：从基本的例行公事解脱出来，让自己专注于更大的挑战。出于同样的原因，救护车里所有设备的摆放位置都有严格的要求，且每辆救护车的设备都放在同样的位置，这样做才能确保每个医护人员都能清楚地找到所需的设备，而不需要浪费时间和精力去思考基本问题，这样他们可以专注于应对紧急情况。

为了让毕业生能够精通业务，Unlocked 在该项目中会为学员提供持续两年的支持。学员还将接受另外六周的培训，包括每两周与指定导师会面、定期举办小组研讨会、在研讨会上分享并解决共同面临的挑战、参加理学硕士课程，并在第二年的暑期学院接受正式培训。如果你没有竞争力，就不可能一直保持良好的表现，也无法具备韧性思维。组织在帮助你精通技能，同时也会帮助你建立韧性思维。

虽然雇主可以帮助你精通技能，但这是你必须要亲自经历的一段旅程。Unlocked 进行了测试。该测试要求参与者和一个演员在模拟的房间里完成角色扮演。不管他们在第一次尝试时做得好不好，真正的测试是他们第二次做得如何。他们需要展示的是自己听到了反馈，并准备采纳反馈意见。

（4）使命感

你必须清楚自己真正的使命感是什么。你必须找到适合自己的工作环境或公司。公司不会为你而改变，而你也会发现自己很难为公司做出改变。你必须找到合适的公司。如果适合，你就会喜欢上这份工作，并自然而然地会在逆境中找到继续前进的韧性思维；如果没有合适的工作，你就会苦苦挣扎。

有了真正的使命感，快乐和韧性思维就会随之而来。如果你喜欢自己正在做的事情，无论身处逆境还是顺境，你坚持下去的可能性都要大得多。

选择正确的工作环境是你的责任。如果身处错误的环境中，那你就有责任做出改变。环境本身不分对错，只是看它能否让你发挥优势并符合你的个人偏好。在了解自己之前，你不可能知道自己想在哪里工作。实际上，这意味着许多 20 多岁的人要换几次工作。

在 25~34 岁的人群中，每份工作的平均履职时长只有 2.8 年；而在 55~64 岁的群体中，这个数字为 10.1 年。[1] 找到适合自己的工作环境需要时间，你需要注意的是，不要过早地陷入错误的地方，这些地方会让你难以逃脱。

练习 45　打造具备韧性思维的文化氛围

很多管理者认为构建具备韧性思维的团队是对管理不善者的一种授权，因为他们希望具备韧性思维的团队可以忍受因管理不善而带来的精神压力和外部压力。真正的韧性思维旨在帮助你的团队茁壮成长，并长期保持优良表现。要做到这一点，你需要把练习 39 中的四大原则应用到

---

[1]　美国劳工统计局 2018 年 1 月发布的数据。

团队管理中。这个练习可以帮你找到一个能让你保持动力的环境。它还可以帮助你打造团队的内在动机、良好表现和韧性思维。

问问自己，你做了什么来帮助团队建立维持优良表现的四大支柱元素？

（1）自主权。你会把所有事情都委派给别人吗？

（2）外界支持。你是帮助和支持团队，还是监视你的团队成员，并在微观层面管理他们？

（3）精通。你是团队的教练，还是为他们解决每一个问题？你会给他们布置拓展任务及相关训练吗？

（4）使命感。你能证明自己的团队做出了有意义和有价值的贡献吗？

总结

你工作的地方会塑造你和你的未来。一些公司需要你具备韧性思维，另一些公司会帮你建立起韧性思维。要想蓬勃发展，你就需要找一个兼具高度挑战、志向和高度支持的地方。

第八章展示了如何通过找到使命感来建立内在的韧性思维。你的使命感会通过打造自主权、支持性人际关系和精通某事得到强化。这一章告诉你，你将在一个为你提供使命感、自主权、精通技能和外界支持的环境中茁壮成长。你的内在旅程应该得到外在环境的支持。

一些公司需要你具备韧性思维，另一些公司会帮你建立起韧性思维。

能帮助你建立韧性思维的组织会给你提供四大支柱。

- 自主权。你会产生高度的责任感，不会有人详细地在微观层面管理你、监视你。
- 外界支持。你会有正式的和非正式的支持网络来帮助你渡过难关。
- 精通。公司将致力于通过提供正式培训、导师指导、团体支持和适当的挑战机会来帮助你精通某些技能，进而帮助你不断提升自己。
- 使命感。你的动机和公司的需求之间会有一个平衡点，你能够发挥自己的优势，享受工作本身。

最终，你的责任是找到适合自己的工作环境。作为一名管理者，你也有责任确保这四个支柱力量在你的团队中发挥作用，这样团队成员就能蓬勃发展。

你的责任是找到适合自己的工作环境。

结语　　　　　　　　　　　　　　选择你的道路

　　好消息是你不必生来就具备韧性思维，因为你可以发展自己的韧性思维。没有什么神奇的药丸能让你一下子具备韧性思维，但是有许多经过实践检验的技巧可以帮助你变得更有韧性思维。你不需要使用每一种技术，你可以从关注一两个核心主题开始。作为一个正在恢复中的悲观主义者，我的生活因专注于那些让自己变得更加乐观的技巧而改变。你可以关注其他的技巧，例如，向外拓展、FAST 思考法、处理负面情绪或管理精力等。你不需要掌握所有的技巧来变得具有韧性思维，一次只掌握一种技巧就可以改变你的一生。

　　每个技巧背后都有一条简单的原则：选择的力量。在任何情况下，你总是有机会选择自己要做什么、如何感受以及如何反应。我们面临的挑战在于，大多数时候我们在自动驾驶仪上工作，这意味着你的选择是无意识的，而非有意为之。大多数时候，自动驾驶仪会很好地为你服务，让你很容易处理日常生活中复杂的和有挑战的任务。但是，有时它会让你失望。

你永远有选择的机会，即使那些选择让你不舒服。

学习韧性思维是指有意识地选择你要做什么和如何感觉。第一步是要知道你永远有选择的机会，即使那些选择让你不舒服。知道永远有选择的机会是对你自己的赋权和解放，你不必让自己听命于感觉和行动，你也不必感到愤怒、沮丧或悲观，这些都是你的选择。这意味着每当自动驾驶仪让你失望时，你不需要放弃它，你只需要帮助它改进，使它在每一种情况下都能够可靠地帮助你。

韧性思维工具将在任何工作环境下帮助你。但在某些环境下，你更需要具备韧性思维，也会变得更有韧性思维。在你所选择的职业中保持韧性思维，这对于你长期维持良好的表现至关重要。这意味着你必须很好地选择你的工作环境，确保你在正确的公司、正确的团队、正确的岗位上工作。如果你喜欢自己所做的事情，你就会知道你正处在正确的工作环境下。

享受是韧性思维最后的也是至关重要的秘密，因为你只擅长自己喜欢的事情。取得卓越的成绩需要你付出大量的自主努力，只有当你喜欢自己所做的事情时，你才能维持这种努力。所以，无论你的旅程是什么，享受它吧！

无论你的旅程是什么，享受它吧！

版 权 声 明